JN040805

算数検定

公益財団法人 日本数学検定協会

まえがき

このたびは，算数検定にご興味をお示しくださりありがとうございます。高学年のお子さま用として手に取っていただいた方が多いのではないでしょうか。

さて，ちょっとした作業を２つしていただきたいのですがよろしいでしょうか。

１つめとして，新聞を用意してください。そして，記事のなかにある“〇〇率”や“昨年の〇倍”，“〇〇％”などの割合に関することばや数値に線を引いてもらいたいのです。いくつのワードを見つけることができたでしょうか？

私たちが，実際に，ある新聞の２面と３面で探してみたところ，２面では 27 ワード，3 面では 32 ワードという結果になりました。

学校では NIE（Newspaper in Education）活動として新聞を活用した教育が行われています。記事の本質を理解するうえで算数力を身につけておくことはたいへん重要です。

２つめとして，お菓子の袋にある栄養成分表示を見てみてください。成分表示が１袋あたりになっているものもあれば，100g あたりのものなどもあります。100g あたりの場合，実際の内容量を確認して計算しなければ１袋分の成分量はわかりません。たとえば，スナック菓子はカロリーが気になるところですが，大きな袋１袋を全部食べてしまったときのカロリーは，場合によっては袋に表示されている数字の２倍以上になっている可能性もあり，注意が必要です。

このように，算数力を身につけておくと，実生活において正確にものごとを把握することができたり，安全な生活の一助にすることができたりと，とても便利です。反対に，身につけていなければ抽象的な場面を具体的な場面でイメージすることができません。これからの社会で重要といわれている，具体と抽象の行き来が必要なデータ分析の仕事において，苦労することになるかもしれません。

そのほかにも算数検定６～８級で扱われる単元は探究する力のベースになっていきます。さまざまな課題に向き合うための基礎訓練として，算数検定の活用をご検討ください。

公益財団法人 日本数学検定協会

目次

この本の使い方

この本は，親子で取り組むことができる問題集です。基本事項の説明，例題，練習問題の３ステップが４ページ単位で構成されているので，無理なく少しずつ進めることができます。おうちの方へ向けた役立つ情報も載せています。キャラクターたちのコメントも読みながら，楽しく学習しましょう。

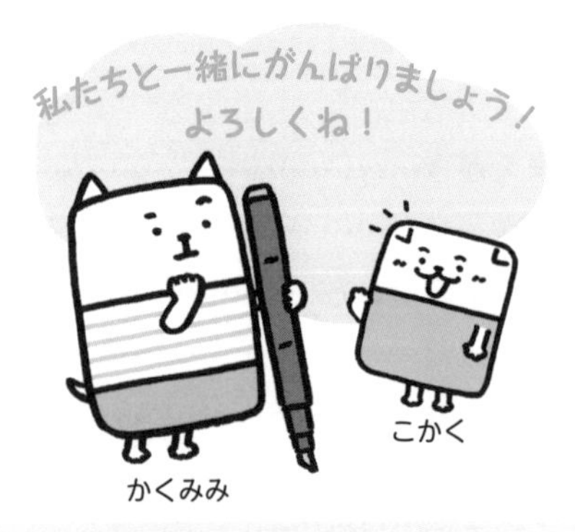

私たちと一緒にがんばりましょう！
よろしくね！
こかく
かくみみ

1 基本事項の説明を読む

単元ごとにポイントをわかりやすく説明しています。

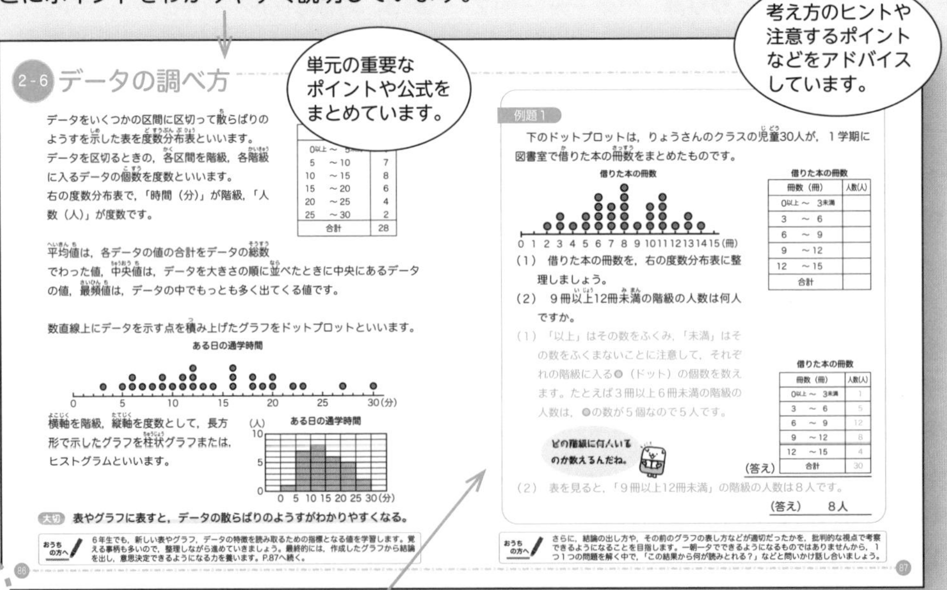

単元の重要な
ポイントや公式を
まとめています。
考え方のヒントや
注意するポイント
などをアドバイス

2-6 データの調べ方

データをいくつかの区間に区切って散らばりのようすを示した表を度数分布表といいます。
データを区切るときの，各区間を階級，各階級に入るデータの個数を度数といいます。
右の度数分布表で，「時間（分）」が階級，「人数（人）」が度数です。

5　～10	7
10　～15	8
15　～20	6
20　～25	4
25　～30	2
合計	28

平均値は，各データの値の合計をデータの総数でわった値，中央値は，データを大きさの順に並べたときに中央にあるデータの値，最頻値は，データの中でもっとも多く出てくる値です。

数直線上にデータを示す点を積み上げたグラフをドットプロットといいます。

ある日の通学時間

0　5　10　15　20　25　30(分)

横軸を階級，縦軸を度数として，長方形で示したグラフを柱状グラフまたは，ヒストグラムといいます。

ある日の通学時間
(人) 10　5　0
0　5　10　15　20　25　30(分)

大切　表やグラフに表すと，データの散らばりのようすがわかりやすくなる。

おうちの方へ　6年生でも，新しい表やグラフ，データの特徴を読み取るための指標となる値を学習します。覚える事柄も多いので，整理しながら進めていきましょう。最終的には，作成したグラフから結論を出し，意思決定できるようになる力を養います。P.87へ続く。

86

例題1

下のドットプロットは，りょうさんのクラスの児童30人が，１学期に図書室で借りた本の冊数をまとめたものです。

借りた本の冊数

0　1　2　3　4　5　6　7　8　9　10　11　12　13　14　15(冊)

借りた本の冊数

冊数（冊）	人数(人)
0以上～　3未満	
3　～　6	
6　～　9	
9　～12	
12　～15	
合計	

（1） 借りた本の冊数を，右の度数分布表に整理しましょう。
（2） ９冊以上12冊未満の階級の人数は何人ですか。

（1）「以上」はその数をふくみ，「未満」はその数をふくまないことに注意して，それぞれの階級に入る●（ドット）の個数を数えます。たとえば３冊以上６冊未満の階級の人数は，●の数が５個なので５人です。

借りた本の冊数

冊数（冊）	人数(人)
0以上～　3未満	1
3　～　6	5
6　～　9	12
9　～12	8
12　～15	4
合計	30

(答え)

（2） 表を見ると，「９冊以上12冊未満」の階級の人数は８人です。

(答え)　8人

おうちの方へ　さらに，結論の出し方や，その前のグラフの表し方などが適切だったかを，批判的な視点で考察できるようになることを目指します。一朝一夕でできるようになるものではありませんから，１つ１つの問題を解く中で，「この結果から何が読みとれる？」などと問いかけ話し合いましょう。

87

さんかく耳の親犬。こかくのために教え方を研究中。

2 例題を使って理解を確かめる

基本事項の説明で理解した内容を，例題を使って確認しましょう。キャラクターのコメントを読みながら学べます。

③ 練習問題を解く

各単元で学んだことを定着させるための，練習問題です。

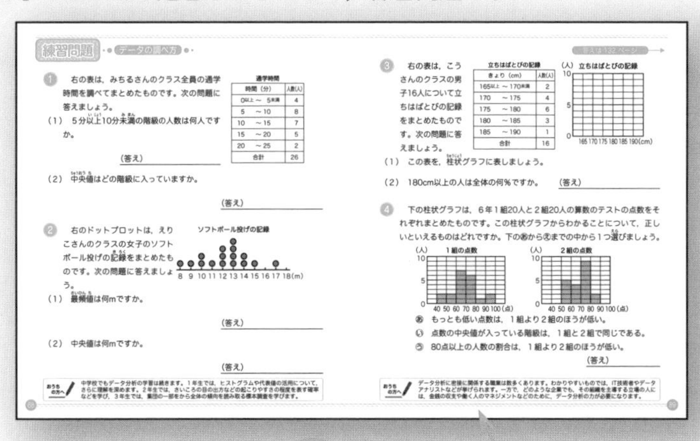

練習問題 ・データの調べ方・

答えは132ページ

① 右の表は，みちるさんのクラス全員の通学時間を調べてまとめたものです。次の問題に答えましょう。

通学時間

時間（分）	人数(人)
0以上～ 5未満	4
5 ～10	8
10 ～15	7
15 ～20	5
20 ～25	2
合計	26

（1） 5分以上10分未満の階級の人数は何人ですか。

（答え）

（2） 中央値はどの階級に入っていますか。

（答え）

② 右のドットプロットは，えりこさんのクラスの女子のソフトボール投げの記録をまとめたものです。次の問題に答えましょう。

ソフトボール投げの記録

8 9 10 11 12 13 14 15 16 17 18(m)

（1） 最頻値は何mですか。

（答え）

（2） 中央値は何mですか。

（答え）

おうちの方へ 中学校でもデータ分析の学習は続きます。1年生では，ヒストグラムや代表値の活用について，さらに理解を深めます。2年生では，さいころの目の出方などの起こりやすさの程度を表す確率などを学び，3年生では，集団の一部をから全体の傾向を読み取る標本調査を学びます。

③ 右の表は，こうさんのクラスの男子16人について立ちはばとびの記録をまとめたものです。次の問題に答えましょう。

立ちはばとびの記録

きょり（cm）	人数(人)
165以上～170未満	2
170 ～175	4
175 ～180	6
180 ～185	3
185 ～190	1
合計	16

（人） 立ちはばとびの記録

10 5 0

165 170 175 180 185 190(cm)

（1） この表を，柱状グラフに表しましょう。

（2） 180cm以上の人は全体の何％ですか。 （答え）

④ 下の柱状グラフは，6年1組20人と2組20人の算数のテストの点数をそれぞれまとめたものです。この柱状グラフからわかることについて，正しいといえるものはどれですか。下のあからうまでの中から1つ選びましょう。

（人） 1組の点数　（人） 2組の点数

10 5 0

40 50 60 70 80 90 100（点）

あ もっとも低い点数は，1組より2組のほうが低い。

い 点数の中央値が入っている階級は，1組と2組で同じである。

う 80点以上の人数の割合は，1組より2組のほうが低い。

（答え）

おうちの方へ データ分析に密接に関係する職業は数多くあります。わかりやすいものでは，IT技術者やデータアナリストなどが挙げられます。一方で，どのような企業でも，その組織を主導する立場の人には，金銭の収支や働く人のマネジメントなどのために，データ分析の力が必要になります。

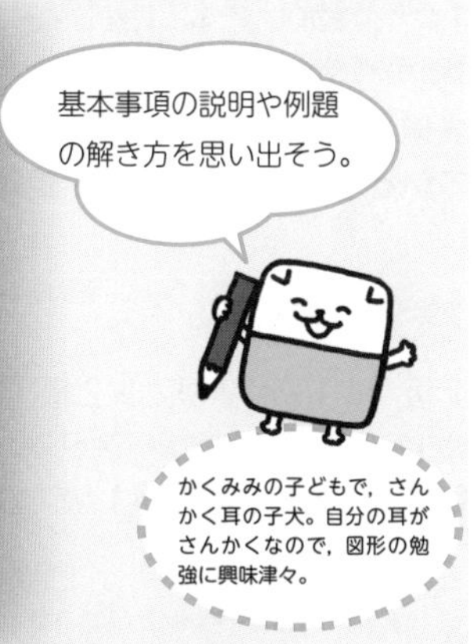

基本事項の説明や例題の解き方を思い出そう。
かくみみの子どもで，さんかく耳の子犬。自分の耳がさんかくなので，図形の勉強に興味津々。

④ おうちの方に向けた情報

教えるためのポイントなど，役立つ情報がたくさん載っています。

⑤ 算数パーク

算数をより楽しんでいただくために，計算めいろや数遊びなどの問題をのせています。親子でチャレンジしてみましょう。

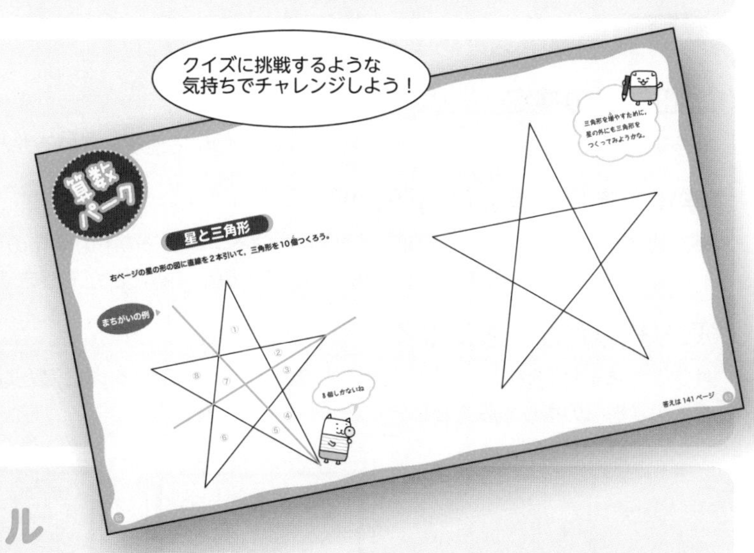

クイズに挑戦するような気持ちでチャレンジしよう！

8個しかないね
三角形を増やすために，星の外にも三角形をつくってみようかな。

⑥ 別冊ミニドリル

計算を中心とした問題を４回分収録しています。解答用紙がついているので，算数検定受検の練習にもなります。

検定概要

「実用数学技能検定」とは

「実用数学技能検定」(後援＝文部科学省。対象：1 ～ 11 級)は，数学・算数の実用的な技能(計算・作図・表現・測定・整理・統計・証明)を測る「記述式」の検定で，公益財団法人日本数学検定協会が実施している全国レベルの実力・絶対評価システムです。

検定階級

1 級，準 1 級，2 級，準 2 級，3 級，4 級，5 級，6 級，7 級，8 級，9 級，10 級，11 級，かず・かたち検定のゴールドスター，シルバースターがあります。おもに，数学領域である 1 級から 5 級までを「数学検定」と呼び，算数領域である 6 級から 11 級，かず・かたち検定までを「算数検定」と呼びます。

1 次：計算技能検定／ 2 次：数理技能検定

数学検定(1 ～ 5 級)には，計算技能を測る「1 次：計算技能検定」と数理応用技能を測る「2 次：数理技能検定」があります。算数検定(6 ～ 11 級，かず・かたち検定)には，1 次・2 次の区分はありません。

「実用数学技能検定」の特長とメリット

①「記述式」の検定

解答を記述することで，答えに至る過程や結果について理解しているかどうかをみることができます。

②学年をまたぐ幅広い出題範囲

準 1 級から 10 級までの出題範囲は，目安となる学年とその下の学年の 2 学年分または 3 学年分にわたります。1 年前，2 年前に学習した内容の理解についても確認することができます。

③取り組みがかたちになる

検定合格者には「合格証」を発行します。算数検定では，合格点に満たない場合でも，「未来期待証」を発行し，算数の学習への取り組みを証します。

合格証

未来期待証

受検方法

受検方法によって，検定日や検定料，受検できる階級や申込方法などが異なります。
くわしくは公式サイトでご確認ください。

個人受検

日曜日に年 3 回実施する個人受検 A 日程と，土曜日に実施する個人受検 B 日程があります。
個人受検 B 日程で実施する検定回や階級は，会場ごとに異なります。

団体受検

団体受検とは，学校や学習塾などで受検する方法です。団体が選択した検定日に実施されます。
くわしくは学校や学習塾にお問い合わせください。

検定日当日の持ち物

持ち物 ＼ 階級	1～5級		6～8級	9～11級	かず・かたち検定
	1次	2次			
受検証(写真貼付)※1	必須	必須	必須	必須	
鉛筆またはシャープペンシル(黒のHB・B・2B)	必須	必須	必須	必須	必須
消しゴム	必須	必須	必須	必須	必須
ものさし(定規)		必須	必須	必須	
コンパス		必須	必須		
分度器			必須		
電卓(算盤)※2		使用可			

※1　団体受検では受検証は発行・送付されません。
※2　使用できる電卓の種類　○一般的な電卓　○関数電卓　○グラフ電卓
通信機能や印刷機能をもつもの，携帯電話・スマートフォン・電子辞書・パソコンなどの電卓機能は使用できません。

階級の構成

<table>
<tr><th></th><th>階級</th><th>構成</th><th>検定時間</th><th>出題数</th><th>合格基準</th><th>目安となる学年</th></tr>
<tr><td rowspan="7">数学検定</td><td>1級</td><td rowspan="7">1次：
計算技能検定

2次：
数理技能検定

があります。

はじめて受検するときは1次・2次両方を受検します。</td><td rowspan="2">1次：60分
2次：120分</td><td rowspan="2">1次：7問
2次：2題必須・5題より2題選択</td><td rowspan="7">1次：
全問題の70%程度

2次：
全問題の60%程度</td><td>大学程度・一般</td></tr>
<tr><td>準1級</td><td>高校3年程度
(数学Ⅲ・数学C程度)</td></tr>
<tr><td>2級</td><td rowspan="2">1次：50分
2次：90分</td><td>1次：15問
2次：2題必須・5題より3題選択</td><td>高校2年程度
(数学Ⅱ・数学B程度)</td></tr>
<tr><td>準2級</td><td>1次：15問
2次：10問</td><td>高校1年程度
(数学Ⅰ・数学A程度)</td></tr>
<tr><td>3級</td><td rowspan="3">1次：50分
2次：60分</td><td rowspan="3">1次：30問
2次：20問</td><td>中学校3年程度</td></tr>
<tr><td>4級</td><td>中学校2年程度</td></tr>
<tr><td>5級</td><td>中学校1年程度</td></tr>
<tr><td rowspan="6">算数検定</td><td>6級</td><td rowspan="8">1次／2次の区分はありません。</td><td rowspan="3">50分</td><td rowspan="3">30問</td><td rowspan="6">全問題の70%程度</td><td>小学校6年程度</td></tr>
<tr><td>7級</td><td>小学校5年程度</td></tr>
<tr><td>8級</td><td>小学校4年程度</td></tr>
<tr><td>9級</td><td rowspan="5">40分</td><td rowspan="3">20問</td><td>小学校3年程度</td></tr>
<tr><td>10級</td><td>小学校2年程度</td></tr>
<tr><td>11級</td><td>小学校1年程度</td></tr>
<tr><td rowspan="2">かず・かたち検定</td><td>ゴールドスター</td><td rowspan="2">15問</td><td rowspan="2">10問</td><td rowspan="2">幼児</td></tr>
<tr><td>シルバースター</td></tr>
</table>

6級の検定基準(抄)

検定の内容	技能の概要	目安となる学年
分数を含む四則混合計算，円の面積，円柱・角柱の体積，縮図・拡大図，対称性などの理解，基本的単位の理解，比の理解，比例や反比例の理解，資料の整理，簡単な文字と式，簡単な測定や計量の理解 など	**身近な生活に役立つ算数技能** ①容器に入っている液体などの計量ができる。 ②地図上で実際の大きさや広さを算出することができる。 ③２つのものの関係を比やグラフで表示することができる。 ④簡単な資料の整理をしたり，表にまとめたりすることができる。	小学校 ６年 程度
整数や小数の四則混合計算，約数・倍数，分数の加減，三角形・四角形の面積，三角形・四角形の内角の和，立方体・直方体の体積，平均，単位量あたりの大きさ，多角形，図形の合同，円周の長さ，角柱・円柱，簡単な比例，基本的なグラフの表現，割合や百分率の理解 など	**身近な生活に役立つ算数技能** ①コインの数や紙幣の枚数を数えることができ，金銭の計算や授受を確実に行うことができる。 ②複数の物の数や量の比較を円グラフや帯グラフなどで表示することができる。 ③消費税などを算出できる。	小学校 ５年 程度

6級の検定内容の構造

小学校６年程度	小学校５年程度	特有問題
45%	45%	10%

※割合はおおよその目安です。
※検定内容の 10% にあたる問題は，実用数学技能検定特有の問題です。

問題

1-1 小数のかけ算とわり算

小数のかけ算

小数点を考えず，整数のかけ算と同じように計算し，最後に小数点をうちます。

```
   5.9             5.9 …1けた
 × 0.9    →      × 0.9 …1けた
 5 3 1           5.3 1 …2けた
```

積（せき）の小数点は，小数点から下のけた数が，かけられる数とかける数の小数点から下のけた数の和と同じになるようにうつ

大切 **小数をかける計算は，かける数が１より大きいとき，積はかけられる数より大きくなる。かける数が１より小さいとき，積はかけられる数より小さくなる。**

小数のわり算

わる数を整数になおして計算します。わられる数の小数点も，わる数の小数点を右に移（うつ）した数だけ右に移します。

```
                              7.8   ← わられる数の移した
0.65)5.07   →      0.65)5.07.         小数点にそろえてうつ
100倍 100倍               4 5 5
                            5 2 0   ← 0をつけたして，
                            5 2 0     わり算を続（つづ）ける
                                0
```

わる数を100倍する
わられる数も100倍する

大切 **小数でわる計算は，わる数が１より大きいとき，商はわられる数より小さくなる。わる数が１より小さいとき，商はわられる数より大きくなる。**

おうちの方へ

小数のかけ算，わり算は基本的に整数と同じように計算を進めます。小数のかけ算は，面積や体積の学習内容で出てくることもありますし，円の学習内容では必ず出てくる計算です。内容がわかっていても計算で間違えてしまうことがないよう，しっかり定着させておきましょう。

例題1

なつきさんの家では，親子の犬をかっています。子犬の体重は2.58kgで，親犬の体重は子犬の体重の6.9倍です。親犬の体重は何kgですか。

2.58×6.9＝17.082

```
    2.58 …2けた
  ×  6.9 …1けた
   2322
  15480
  17.802 …3けた
```

答えの小数点の位置に気を付けよう。

（答え）　17.802kg

例題2

次の計算をしましょう。（1）は，商を整数で求め，あまりも出しましょう。（2）は，商を四捨五入して小数第2位までの概数で求めましょう。

（1）　1.65÷0.48　　　　（2）　2.8÷7.2

（1）

```
          3.
0.48)1.65
     144
     0.21
```

商の小数点は，わられる数の移した小数点にそろえてうつ

あまりの小数点は，もとの小数点にそろえてうつ

（答え）3あまり0.21

（2）

```
        9
      0.388 ← 小数第3位を四捨五入する
7.2)2.80 ←
    216
      640 ←
      576
       640 ←
       576
        64
```

0をつけたして，わり算を続ける

（答え）　0.39

求めたい位の1つ下の位までわり進むよ。

おうちの方へ　例題2（1）のように，あまりを求めるように指示のある問題では，指定された位まで商を求めたら，その後の数はすべてあまりになります。かけ算で検算すると，0.48×3＋0.21＝1.65となるので，あまりの小数点の位置に納得できるのではないでしょうか。

練習問題 小数のかけ算とわり算

1 次の計算をしましょう。

（1） 7.9×4.6

(答え)

（2） 5.37×1.8

(答え)

（3） 32×0.25

(答え)

（4） 0.47×0.82

(答え)

2 次の計算をしましょう。（1）はわりきれるまで計算しましょう。（2）は，商を四捨五入（ししゃごにゅう）して小数第２位（い）までの概数（がいすう）で求（もと）めましょう。

（1） 9.75÷2.6

(答え)

（2） 12.7÷4.8

(答え)

おうちの方へ

②では，例題２と同様，（1）と（2）で答え方の指示が違います。（2）で計算をどんどん進めてしまっている場合は，「商はどこの位までの概数にするって書いてあった？」ともう一度問題文をよく読むように促しましょう。今後も気を付けるように話してもよいでしょう。

答えは 112 ページ

③　1mの重さが7.2gの針金（はりがね）があります。次の問題に答えましょう。

（1）　この針金10.8mの重さは何gですか。

(答え)

（2）　針金の重さが90gのとき，長さは何mですか。

(答え)

④　赤と青のリボンがあります。赤いリボンの長さは12.8mです。次の問題に答えましょう。

（1）　青いリボンの長さは，赤いリボンの長さの0.95倍です。青いリボンの長さは何mですか。

(答え)

（2）　赤いリボンを1.4mずつに切り分けていきます。1.4mのリボンは何本できて，リボンは何mあまりますか。

(答え)

④（2）は，1.4mのリボンの本数を求めるので，商は整数になります。その先までわり算を進めている場合は，「商は何桁までの数になるかな？」と聞いてみましょう。難しいようなら，「何本できるか問われているよ，どういうことかな？」と考えるように促しましょう。

1-2 体積

体積の求め方

もののかさのことを体積といいます。
1辺が1cmの立方体の体積を1 cm^3
（1立方センチメートル）といいます。
1辺が1mの立方体の体積を1 m^3
（1立方メートル）といいます。

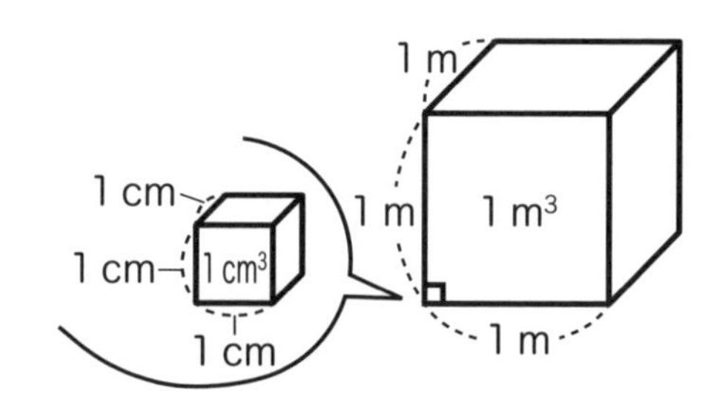

右の図の直方体は，1辺が1cmの立方体が，
3×4×2＝24で，24個なので，体積は
24 cm^3 です。
入れ物いっぱいに入る水などの体積のことを，
その入れ物の容積といいます。

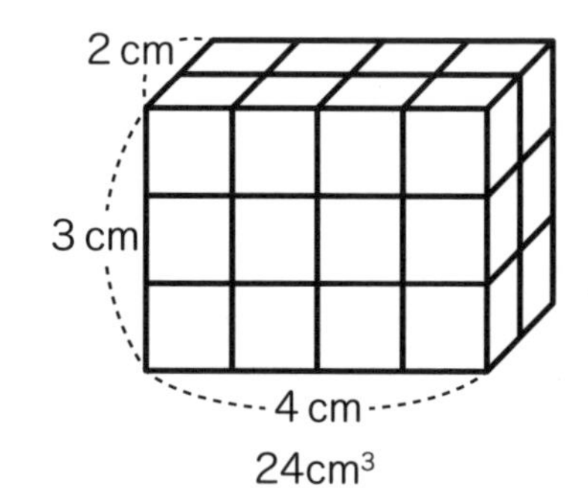

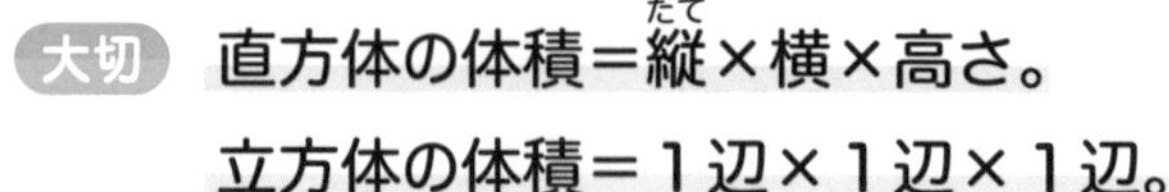

大切 **直方体の体積＝縦×横×高さ。**
立方体の体積＝1辺×1辺×1辺。

体積の単位

体積の単位は長さの単位をもとにしてつくられています。

（1cm → 10cm：10倍、10cm → 1m：10倍）

1辺の長さ	1cm	－	10cm	1m
立方体の体積	1 cm^3	100 cm^3	1000 cm^3	1 m^3
	1mL	1dL	1L	1kL

（1mL → 1L：1000倍、1L → 1kL：1000倍）

大切 **1 m^3 ＝1000000 cm^3，1L＝1000 cm^3。**

おうちの方へ　5年生で習う体積は，2年生ではかさとして学習しています。かさの学習で出てきた“L”などの単位も体積を表すために用いられます。“m^3”などの体積の単位は長さの単位をもとにしているので，長さの単位も併せて確認しておきましょう。

例題 1

右の図の立方体の体積は何cm^{3}ですか。

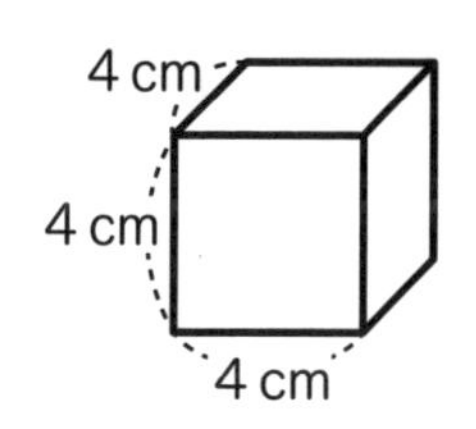

立方体の体積＝１辺×１辺×１辺なので，

4×4×4＝64　　(答え)　64cm^3

例題 2

右の図のような，直方体を組み合わせた立体の体積は何cm^{3}ですか。

下の図のように，２つの直方体に分けて考えると，

$\underbrace{5\times4\times4}_{\text{左の直方体}}+\underbrace{3\times3\times4}_{\text{右の直方体}}$

＝80＋36

＝116

[別(べつ)の解(と)き方] 右の図のように，大きい直方体から小さい直方体を切り取ったと考えると，

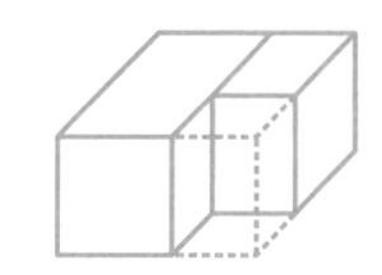

$\underbrace{5\times7\times4}_{\text{大きい直方体}}-\underbrace{2\times3\times4}_{\text{小さい直方体}}$

＝140－24

＝116　　(答え)　116cm^3

他にも分け方があるよ。考えてみよう。

おうちの方へ　例題２のもう１つの分け方は，底面が２cm×４cmの直方体と３cm×７cmの直方体に分けるものです。３つの解き方はどれで解いても構いません。１つの解き方がすぐに思いついた場合は，「他にもやり方があるよ」と声をかけてみましょう。多面的な視点をもつ練習になります。

練習問題 ・●体積●・

1 次の立体の体積(たいせき)は，それぞれ何cm³ですか。

（1） 立方体

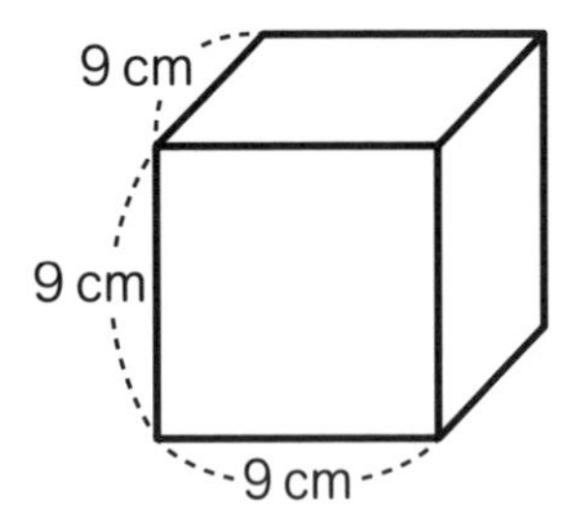

（答え）

（2） 直方体

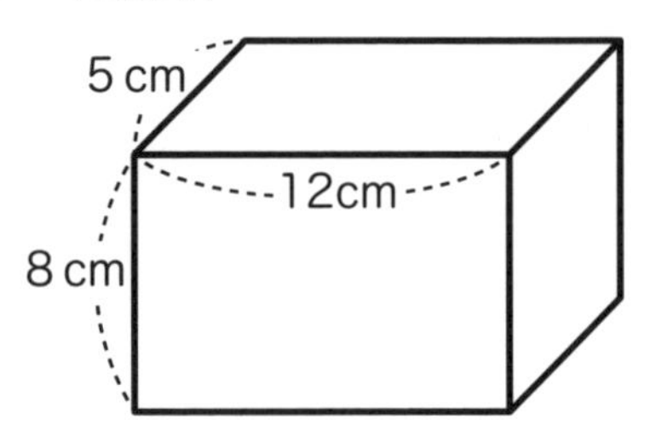

（答え）

2 右の図のような，直方体を組み合わせた立体の体積は何cm³ですか。

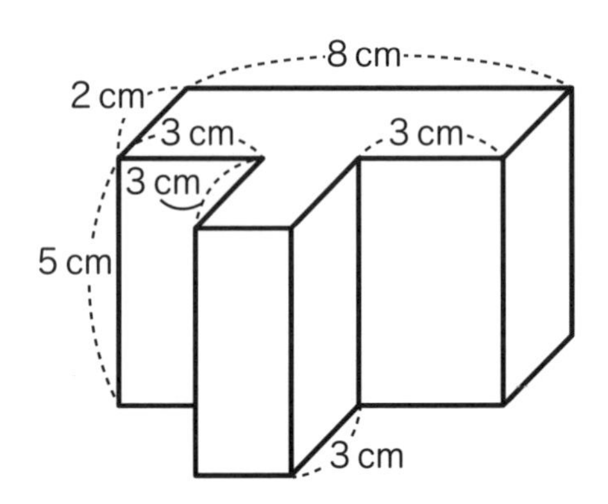

（答え）

たて8cm，横9cm，高さ5cmの直方体の体積を求めるとします。直方体は置き方を変えれば，たて，横，高さの辺が変わるので，計算しやすい置き方を考えると効率的に体積を求められます。たて5cm，横8cm，高さ9cmの直方体として促えて，計算しやすさを比べてみてください。

答えは113ページ

3 次の［　　］にあてはまる数を答えましょう。

（1） $42m^3$＝［　　］cm^3

(答え)＿＿＿＿＿＿

（2） $78000cm^3$＝［　　］L

(答え)＿＿＿＿＿＿

4 内側の長さが，図１のような立方体の形をした入れ物Aと直方体の形をした入れ物Bがあります。入れ物Aには，いっぱいに水が入っています。入れ物Aに入っている水を，入れ物Bがいっぱいになるまで移（うつ）したところ，図２のように，入れ物Aには，入れ物Bに入りきらなかった水が残（のこ）りました。次の問題に答えましょう。

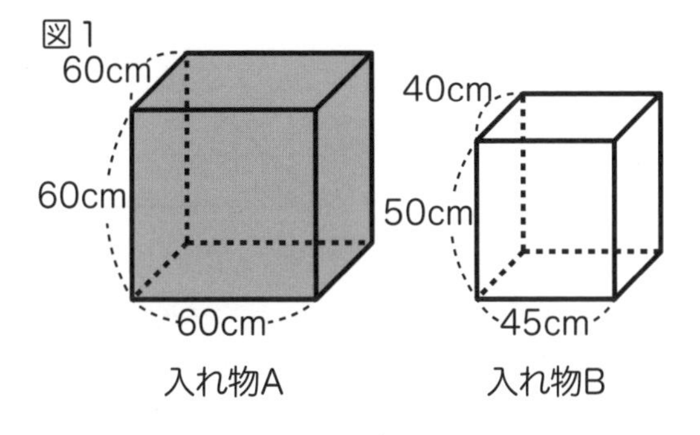

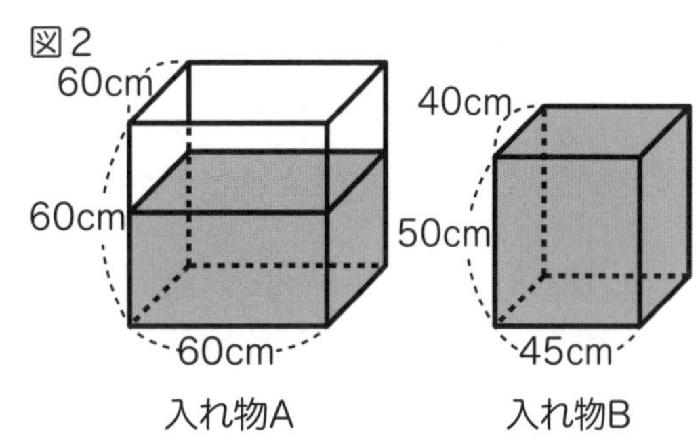

（1） 入れ物Bの容積（ようせき）は何cm^3ですか。

(答え)＿＿＿＿＿＿

（2） 入れ物Aに残った水の深さは何cmですか。

(答え)＿＿＿＿＿＿

おうちの方へ
④（2）では，全部の水の体積をもとに図２の入れ物Aの水の体積を計算します。その上で，入れ物Aの底の面積を考えます。難しいようなら，底の面積が小さいコップに入れた水を，底の面積が大きいコップに移してみせて，考え方を確認しましょう。

1-3 合同な図形と角

合同な図形

形も大きさも同じで，ぴったり重ね合わせることのできる図形を，合同な図形といいます。合同な図形で，重なり合う頂点(ちょうてん)，辺(へん)，角を，それぞれ対応(たいおう)する頂点，対応する辺，対応する角といいます。

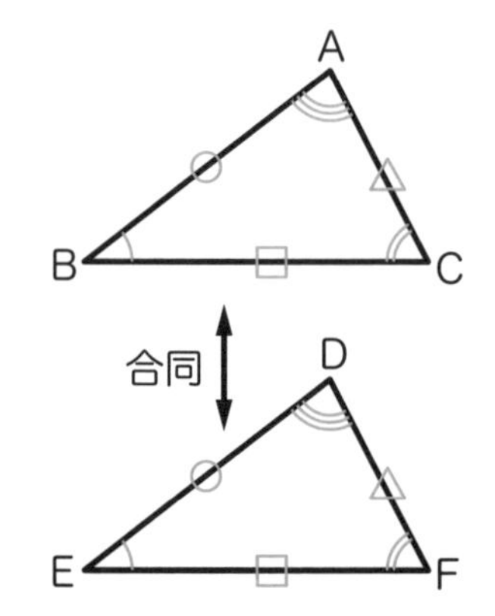

大切 **合同な図形の対応する辺の長さは等しく，対応する角の大きさも等しい。**

図形の角

三角形の３つの角の大きさの和は180°です。

右の図で，㋐の角の大きさは，

180°−(40°+80°)＝60°　で，60°です。

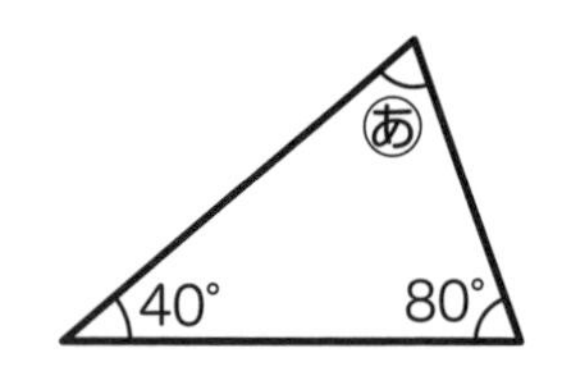

四角形は，対角線で２つの三角形に分けて考えます。180°×２＝360°なので，四角形の４つの角の大きさの和は，360°です。

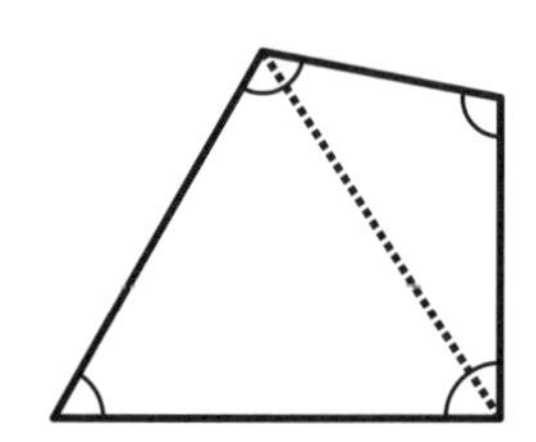

大切 **多角形は，対角線で三角形に分けると，角の大きさの和を求(もと)めることができる。**

４年生では，平行四辺形やひし形など，１つの図形の中で２本の辺の平行や，辺の長さや角の大きさが等しいことなどを確認しました。５年生では，２つ以上の図形の間で，辺の長さや角の大きさを比べます。図形の合同や多角形の学習は，中学校の学習内容にもつながります。

例題１

下の図で，合同な三角形はどれとどれですか。下のあからかまでの中から２組選(えら)びましょう。

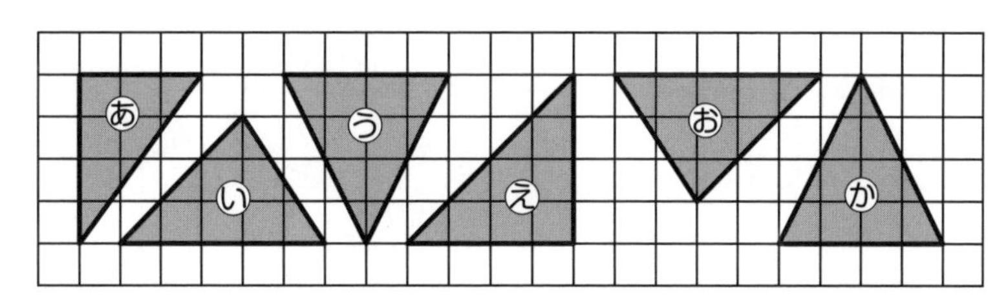

いからかまでの三角形の向きを変(か)えたり裏返(うらがえ)したりします。

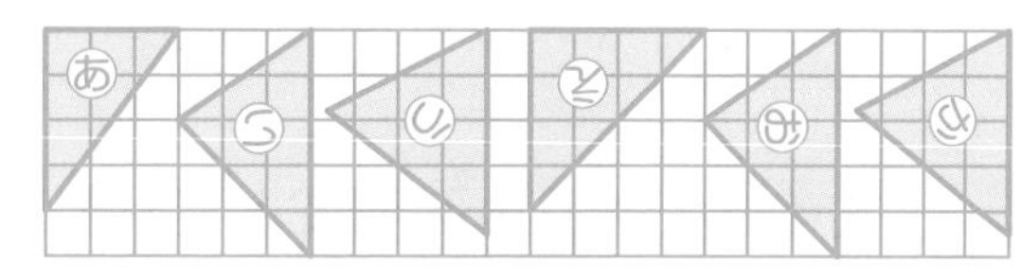

ぴったり重なる２つの三角形は合同です。ぴったり重なる三角形は，いとお，うとかです。

（答え）いとお，うとか

例題２

右の図で，あ，いの角の大きさはそれぞれ何度ですか。

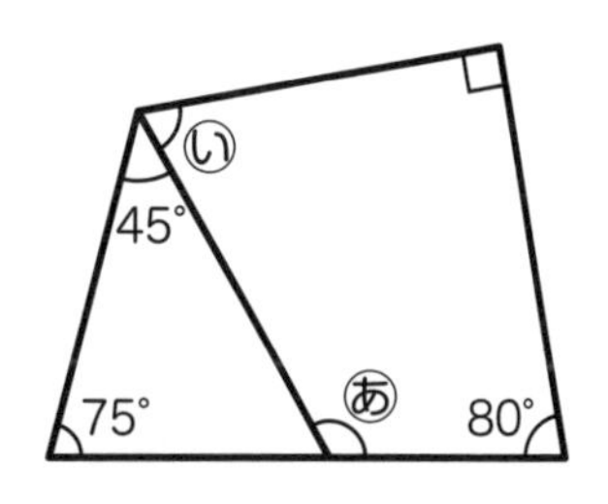

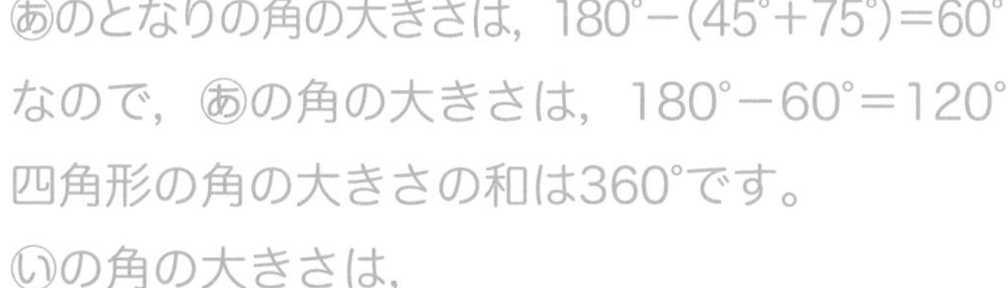

三角形の角の大きさの和は180°です。

あのとなりの角の大きさは，180°−(45°+75°)=60°

なので，あの角の大きさは，180°−60°=120°

四角形の角の大きさの和は360°です。

いの角の大きさは，

360°−(120°+80°+90°)=70°

（答え）あ　120°，い　70°

例題１では，図形がかかれているマス目を確認しながら，合同な図形を探します。解説では図形の向きをそろえて見やすくしていますが，解くときは角が直角かどうか，辺が何マスあるかなどを検討します。答えを出せたら，等しい辺や角の位置を説明してもらいましょう。

練習問題 ・● 合同な図形と角 ●・

1　下の図で，㋐の四角形と合同な四角形はどれですか。㋑から㋔までの中から１つ選(えら)びましょう。

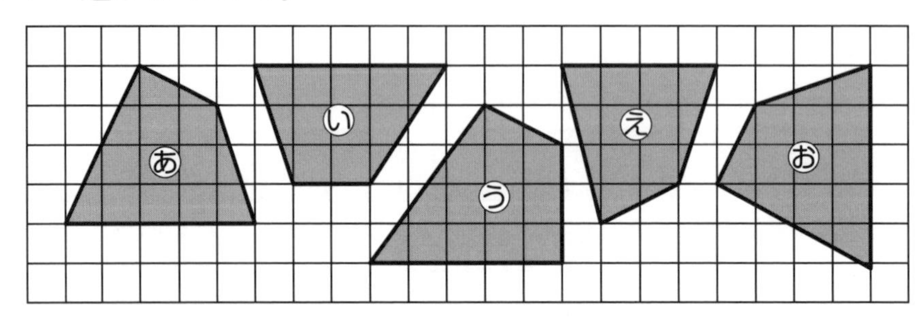

（答え）

2　右の図で，三角形ABCと三角形DFEは合同です。次の問題に答えましょう。

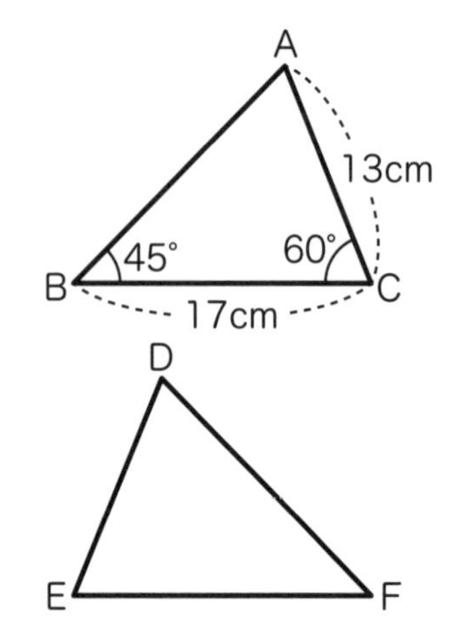

（１）　頂点(ちょうてん)Cに対応(たいおう)する頂点はどれですか。

（答え）

（２）　辺(へん)DEの長さは何cmですか。

（答え）

（３）　角Dの大きさは何度ですか。

（答え）

②の問題が簡単に解けたら，他の頂点や辺，角についても質問してみてください。対応する部分や大きさなど，いくつも確認しましょう。四角形で類題をつくって対応する部分や大きさを聞いてもよいでしょう。可能であれば，類題の図は定規や分度器を使い実寸で描いてみてください。

答えは114ページ

3 次の図で，ⓐからⓔまでの角の大きさは，それぞれ何度ですか。

（1） 二等辺三角形

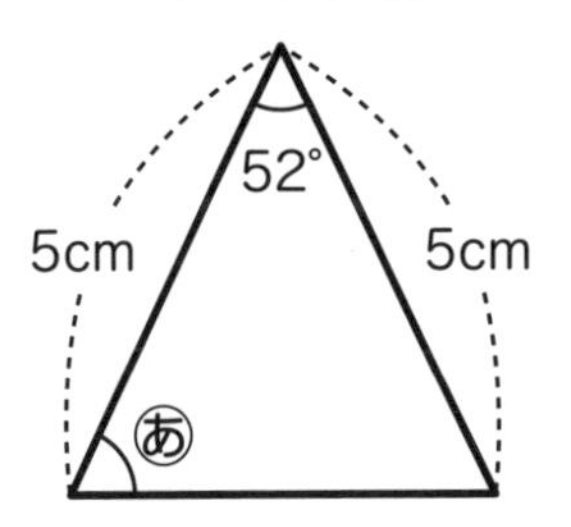

(答え)＿＿＿＿＿＿＿＿

（2） 四角形

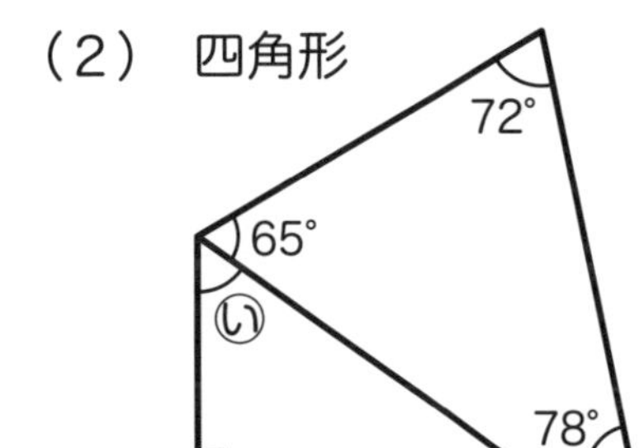

(答え)＿＿＿＿＿＿＿＿

（3） 三角形

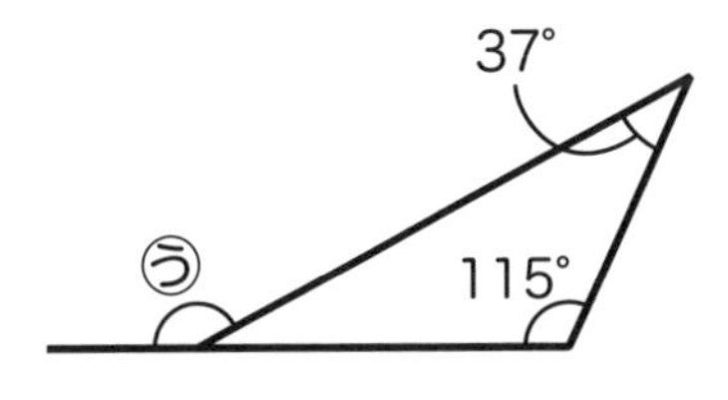

(答え)＿＿＿＿＿＿＿＿

（4） ひし形

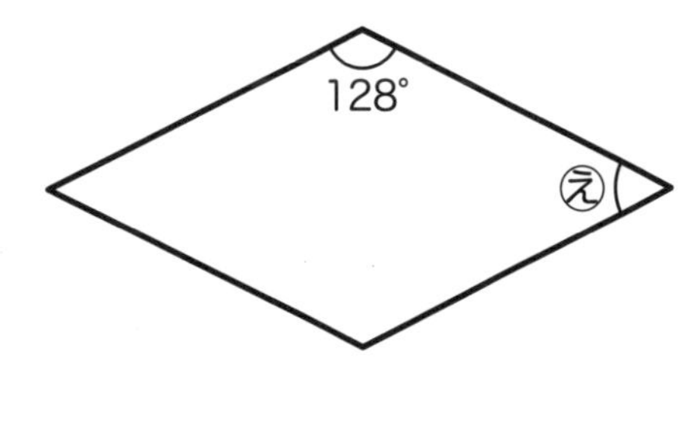

(答え)＿＿＿＿＿＿＿＿

4 右の図のような，六角形の角の大きさの和は何度ですか。

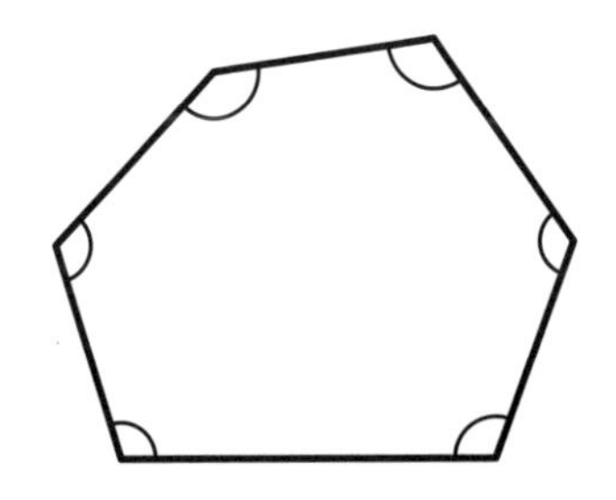

(答え)＿＿＿＿＿＿＿＿

④は多角形の角の問題です。多角形とは３本以上の直線で囲まれた図形のことです。３本以上の直線なので，三角形も多角形に含まれます。三角形の内側の角の大きさの和は180°，四角形は360°，五角形は540°と，180°ずつ大きくなります。

1-4 整数

偶数と奇数

2でわり切れる整数のことを偶数といいます。

2でわり切れない整数のことを奇数といいます。

大切 **偶数と奇数は1つおきに並んでいる。**

0は偶数。

倍数と約数

8を整数倍してできる数を，8の倍数といいます。

8の倍数と12の倍数に共通する数を，8と12の公倍数といいます。

公倍数のうち，いちばん小さい数を最小公倍数といいます。

8をわり切ることができる整数を，8の約数といいます。8の約数は4つです。

8の約数と12の約数に共通する数を，8と12の公約数といいます。

公約数のうち，いちばん大きい数を最大公約数といいます。

大切 **倍数は，いくらでもある。約数は，限られた数だけある。**

おうちの方へ　この単元では，かけ算やわり算の観点から整数の性質について学習します。ここでの知識や技能は，分数の計算で使う通分や約分の際に不可欠です。また，6年生で学ぶ比や，中学生で学ぶ因数分解などの基礎になります。しっかり定着させておきましょう。

例題1

次の数を偶数と奇数に分けましょう。

16, 19, 107, 368, 2025, 5314

(答え) 偶数　16, 368, 5314, 奇数　19, 107, 2025

例題2

次の問題に答えましょう。

(1)　6と10の公倍数を，小さい順に3つ求めましょう。また，最小公倍数も答えましょう。

(2)　36と90の公約数をすべて求めましょう。また，最大公約数も答えましょう。

(1)　6の倍数　6, 12, 18, 24, (30), 36, 42, 48, 54, (60), 66, 72, 78, 84, (90)…
10の倍数　10, 20, (30), 40, 50, (60), 70, 80, (90)…
↑ 6と10の最小公倍数

(答え) 倍数　30, 60, 90, 最小公倍数　30

(2)　36の約数　(1), (2), (3), 4, (6), (9), 12, (18), 36
90の約数　(1), (2), (3), 5, (6), (9), 10, 15, (18), 30, 45, 90
↑ 36と90の最大公約数

公倍数は，最小公倍数の倍数になっていて，公約数は最大公約数の約数になっているよ。

(答え) 公約数　1, 2, 3, 6, 9, 18, 最大公約数　18

おうちの方へ　公倍数はいくつでもあるため，もっとも小さい“最小公倍数”は求められても，“最大公倍数”を求めることはできません。一方，どんな整数でももっとも小さい約数は1なので，“最小公約数”を求める意味はありません。言葉の意味を理解して学習を進められるよう支援ましょう。

練習問題 ・●整数●・

1 次の問題に答えましょう。

（1） 下の数を偶数（ぐうすう）と奇数（きすう）に分けましょう。

34，57，108，222，1003，4681

（答え）偶数　　　　　　　　　，奇数

（2） 1から80までの整数（せいすう）のうち，偶数は何個（こ）ありますか。

（答え）

2 0，1，2，3，4，5の6つの数字が1つずつ書かれた6枚（まい）のカードがあります。これらのカードを4枚並（なら）べて，4けたの整数をつくるとき，次の問題に答えましょう。

（1） もっとも大きい奇数はいくつですか。

（答え）

（2） もっとも小さい偶数はいくつですか。

（答え）

おうちの方へ ②が簡単にできたら，いちばん小さい奇数やいちばん大きい偶数を質問してみてください。また，2番めに大きい奇数を聞いてもよいでしょう。もっと難しくして練習するなら，カードの枚数を増やしたり，数字を変えたりすることもできます。

答えは115ページ

3 次の問題に答えましょう。

（1） 1から100までの整数のうち，6と9の公倍数（こうばいすう）は何個ありますか。

(答え)

（2） 24と60と84の最大公約数（さいだいこうやくすう）を求（もと）めましょう。

(答え)

4 次の問題に答えましょう。

（1） A駅では，1番線からは8分ごとに，2番線からは10分ごとに電車が発車します。9時に1番線と2番線から同時に電車が出発しました。次に1番線と2番線から同時に電車が出発するのは何時何分ですか。

(答え)

（2） 色紙が75枚，画用紙が135枚あります。それぞれ同じ枚数ずつ，あまりが出ないようにできるだけ多くの子どもに配るとき，何人に配ることができますか。

(答え)

おうちの方へ
④（1）は8と10の最小公倍数を，（2）は75と135の最大公約数を求めます。問題文から求める値に気付かない場合は，時間を書き並べるなどして状況を整理してみましょう。問題を解き終えてから，何を求めたかよく確認してください。

1-5 分数のたし算とひき算

分数と小数

わり算の商は，わられる数を分子，わる数を分母とする分数で表すことができます。

$○ \div △ = \frac{○}{△}$

分数を小数で表すには，分子を分母でわります。

$\frac{2}{5} = 2 \div 5 = 0.4$

小数は，分母が10，100，1000などの分数で表すことができます。

$0.7 = \frac{7}{10}$，$0.45 = \frac{45}{100} = \frac{9}{20}$

大切 **$0.1 = \frac{1}{10}$，$0.01 = \frac{1}{100}$，$0.001 = \frac{1}{1000}$。**

分数のたし算とひき算

分母がちがう分数のたし算・ひき算は，通分してから，分母はそのままにして，分子だけを計算します。答えが約分(やくぶん)できるときは，約分します。

分母にかけた数と同じ数をかける　1×4　3×3
分子だけを計算　4＋9＝13

$$\frac{1}{6} + \frac{3}{8} = \frac{4}{24} + \frac{9}{24} = \frac{13}{24}$$

6×4　8×3
最小公倍数は24
分母を最小公倍数の24にする

分母にかけた数と同じ数をかける　5×5　2×2
分子だけを計算　25－4＝21

$$\frac{5}{6} - \frac{2}{15} = \frac{25}{30} - \frac{4}{30} = \frac{\cancel{21}^{7}}{\cancel{30}_{10}} = \frac{7}{10}$$

6×5　15×2
10←約分する
最小公倍数は30
分母を最小公倍数の30にする

大切 **通分は，分母のちがう分数を，分母が同じ分数になおすこと。**
約分は，分母と分子を同じ数でわって，分母の小さい分数にすること。

おうちの方へ　分母が違う場合は，“分母と分子に同じ数をかけても分数の大きさは変わらない”という性質を利用し，それぞれの分母を通分して計算します。これまでの学習内容に不安があるようなら，復習しながら学習を進めるようにしましょう。

例題1

次の□にあてはまる数を小数で答えましょう。

$\frac{3}{4}$＝□

$\frac{3}{4}=3\div4=0.75$　　（答え）　0.75

分数をわり算の式で表して，商を小数で求めればよいね。

例題2

次の問題に答えましょう。

（1）牛乳を，昨日は$\frac{3}{5}$L，今日は$\frac{5}{8}$L使いました。全部で何L使いましたか。

（2）赤のリボンの長さは$3\frac{1}{9}$m，青のリボンの長さは$1\frac{1}{5}$mです。赤のリボンは，青のリボンより何m長いですか。

（1）$\frac{3}{5}+\frac{5}{8}=\frac{24}{40}+\frac{25}{40}=\frac{49}{40}=1\frac{9}{40}$

最小公倍数は40

（答え）$1\frac{9}{40}\left(\frac{49}{40}\right)$L

（2）整数の部分と分数部分に分けて計算します。

$3\frac{1}{9}-1\frac{1}{5}=3\frac{5}{45}-1\frac{9}{45}$

$=2\frac{50}{45}-1\frac{9}{45}$

$=1\frac{41}{45}$

最小公倍数は45

分数部分がひけるように，整数部分からくり下がる

分母の最小公倍数で通分すると，計算しやすいよ。

（答え）$1\frac{41}{45}\left(\frac{86}{45}\right)$m

おうちの方へ　分数のたし算とひき算では，分母どうしもたし算やひき算をしてしまうミスが考えられます。ケーキなどを真上から見た絵を紙に描き，8等分に切り分けたものを見せながら「1つ分は$\frac{1}{8}$だね，$\frac{1}{8}+\frac{1}{8}$だと何分の一？」などと確認しましょう。実感をもって正しく計算できるはずです。

練習問題 分数のたし算とひき算

1 次の問題に答えましょう。

（1） 0.36を分数で表しましょう。

(答え)

（2） $\frac{5}{8}$と0.63の大小を，不等号を使って表しましょう。

(答え)

2 次の計算をしましょう。

（1） $\frac{2}{9}+\frac{5}{12}$

（2） $1\frac{9}{10}+2\frac{4}{15}$

(答え)

(答え)

3 次の計算をしましょう。

（1） $\frac{1}{2}-\frac{3}{7}$

（2） $4\frac{1}{12}-1\frac{5}{8}$

(答え)

(答え)

おうちの方へ 小数と分数は表記の違いはありますが，数としては同じ大きさを表しています。0.1は$\frac{1}{10}$であり，どちらも10個に等分したものの１つ分です。たとえば，「この小数とこの分数は同じなの？どういうことか教えて」と促して，言葉で説明してもらいましょう。

答えは117ページ

4 下の図のように，家から公園までの道のりは$1\frac{2}{3}$km，公園から駅までの道のりは$2\frac{1}{2}$kmです。次の問題に答えましょう。

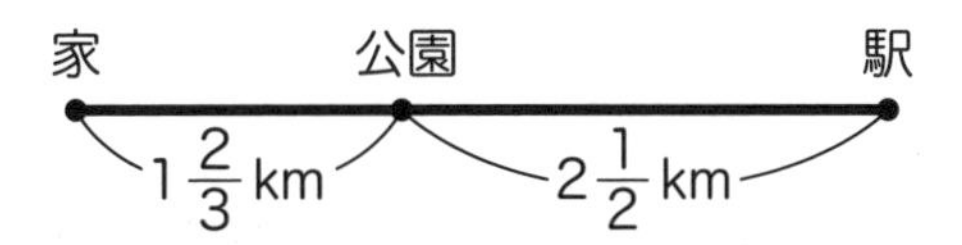

（1） 家から公園の前を通って駅まで行くときの道のりは何kmですか。

(答え) ＿＿＿＿＿＿＿＿

（2） 公園から駅までの道のりは，家から公園までの道のりより何km長いですか。

(答え) ＿＿＿＿＿＿＿＿

5 米が，月曜日には$5\frac{3}{4}$kgありました。火曜日に$1\frac{3}{10}$kg使い，水曜日に$\frac{5}{6}$kg使いました。次の問題に答えましょう。

（1） 火曜日と水曜日に使った米は，合わせて何kgですか。

(答え) ＿＿＿＿＿＿＿＿

（2） 水曜日に使ったあと，米は何kg残(のこ)っていますか。

(答え) ＿＿＿＿＿＿＿＿

おうちの方へ 帯分数や仮分数が含まれる分数の計算を日常生活の中で見つけるのは，少し難しいかもしれません。それでも，果物やケーキを切り分ける際などに「何分の一にしようか？これが2つ分だとどうかな？」などと積極的に声をかけ，分数が身近に感じられるよう工夫してみてください。

4分割問題

下の図を同じ大きさ，同じ形になるように４つの部屋に分けるよ。
１部屋に１匹ずつに入るように分けてね。

このように細かく
分けたら考えやすいよ。

面積(めんせき)２等分問題

下の図に直線を１本引いて，同じ面積の２つの図形に分けよう。

２個(こ)の長方形に分けて
それぞれを２等分してみよう。

答えは 140 ページ

1-6 平均

平均(へいきん)

いくつかの数量を，等しい大きさになるようにならしたものを平均といいます。

下の図のように，㋐，㋑，㋒の３つのコップにジュースが入っています。
３つのコップに入っているジュースの量が同じになるように，㋐のコップから㋑，㋒のコップにそれぞれジュースを移(うつ)すと，３つのコップのジュースの量が同じになります。

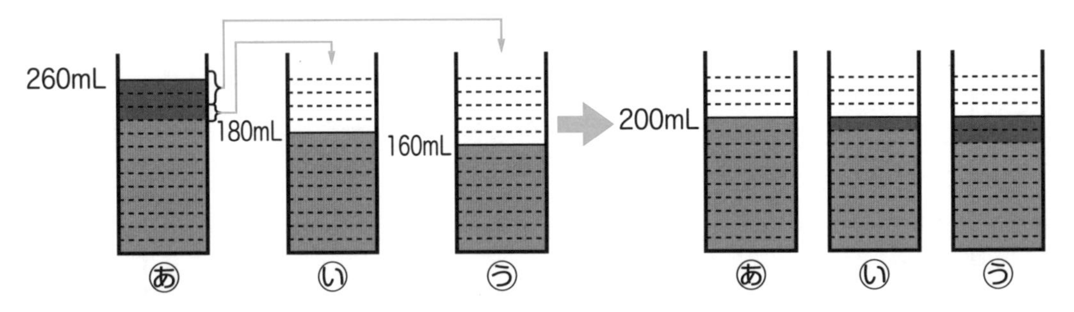

式で考えます。
３つのコップのジュースの量を合わせると，

260＋180＋160＝600

３つのコップに等しくなるように分けると，

600÷３＝200

平均は，平均するものの量の合計を個数(こすう)でわって求(もと)めます。

大切 **平均＝合計÷個数。**
合計＝平均×個数。

“平均”という言葉は日常生活の中でも，学校生活の中でもよく聞くのではないでしょうか。正確に作られたものでない限り，ものの長さや重さをはかると数値がばらけることは，よくあります。平均は，何回かはかった結果から“だいたい正しい値”を示すことができます。

例題１

６個のたまごの重さを１個ずつ量(はか)ったところ，下のようになりました。６個のたまごの重さの平均は何gですか。

63g，58g，61g，62g，59g，63g

平均は，合計÷個数で求めます。

(63＋58＋61＋62＋59＋63)÷６＝366÷６＝61　　(答え)　61g

例題２

下の表は，ある市の月曜日から金曜日までの最低気温(さいてい)を調べてまとめたものです。次の問題に答えましょう。

	月	火	水	木	金
最低気温　(度)	7	5	2	0	

(１)　月曜日から木曜日までの最低気温の平均は何度ですか。

(２)　月曜日から金曜日までの最低気温の平均が3.2度のとき，金曜日の最低気温は何度ですか。

(１)　平均は，合計÷個数なので，

(７＋５＋２＋０)÷４＝14÷４＝3.5

(答え)　3.5度

(２)　５日間の合計は，3.2×5＝16

月曜日から木曜日までの４日間の合計は14度なので，

金曜日の最低気温は，16－14＝２　(答え)　２度

気温が０度の日も，個数にふくめるのを忘(わす)れないようにしよう。

平均について，計算ができるだけでなく，意味をしっかり理解できるように声をかけてください。P.34の解説にあるような，移動してならすという考え方もありますし，全部を１つにまとめて等分するという考え方もできます。あめなど，実際のものを動かして考えてみてもよいでしょう。

練習問題 ・平均・

1 下の表は，日曜日から土曜日までのあるパン屋で売れた食パンの本数を表したものです。１週間で売れた食パンの本数の平均(へいきん)は何本ですか。

	日	月	火	水	木	金	土
売れた本数（本）	25	24	21	25	26	24	23

（答え）＿＿＿＿＿＿＿＿

2 下の表は，はるとさんとゆうきさんが６回ずつソフトボール投(な)げをしたときの記録(きろく)をまとめたものです。次の問題に答えましょう。

	１回め	２回め	３回め	４回め	５回め	６回め
はるとさんの記録（m）	16	13	14	15	17	15
ゆうきさんの記録（m）	16	18	10	11	15	

（１） はるとさんのソフトボール投げの記録の平均は何mですか。

（答え）＿＿＿＿＿＿＿＿

（２） ゆうきさんのソフトボール投げの記録の平均は14.5mでした。ゆうきさんの６回めの記録は何mですか。

（答え）＿＿＿＿＿＿＿＿

②（２）は，平均からデータの１つを計算する問題です。難しいようなら，ゆうきさんの平均を指しながら，「この平均はどうやって求めたのかな」と声をかけてみてください。６回分の記録の合計を６でわった数値であることに気づかせ，平均から合計を求めるよう誘導します。

答えは118ページ→

3 右の表は，のぞみさんが30歩ずつ３回歩いたときのきょりの記録です。次の問題に答えましょう。

	30歩のきょり
１回め	19m14cm
２回め	19m23cm
３回め	19m８cm

（１） のぞみさんの歩はばはおよそ何mですか。四捨五入して，小数第２位までの概数で求めましょう。

(答え)

（２） のぞみさんが校庭を１周歩いたところ，のぞみさんの歩はばで200歩ありました。のぞみさんの歩はばが（１）で求めた長さとするとき，校庭１周の長さはよそ何mですか。

(答え)

4 りょうたさんは，５回の算数のテストの点数の平均が80点以上になることを目標にしています。１回めから４回めまでの算数のテストの点数は，１回めは78点，２回めは74点，３回めは83点，４回めは76点でした。
りょうたさんは５回めのテストで少なくとも何点とればよいですか。

(答え)

卵や野菜，果物を複数個買うとき，１個１個の重さを量って，平均を求める練習をしてみてください。整数の値にならないかもしれませんが，“だいたいこのくらい”とわかればよいので，細かく計算する必要はありません。実際に量る→平均を求めるという手順を体験しましょう。

1-7 単位量あたりの大きさ

単位量あたりの大きさ

1個あたりの値段や，1m²あたりの数などのことを，単位量あたりの大きさといいます。

にんじんが4本入っている200円のふくろAとにんじんが6本入っている294円のふくろBがあります。にんじん1本あたりの値段は，ふくろBのほうが安いとわかります。

A：200÷4＝50（円）
B：294÷6＝49（円）
→ Bのほうが安い

人口と面積の場合は，面積1km²あたりの人口のことを人口密度といいます。

大切 **人口密度＝人口÷面積**

速さ

単位時間あたりに進む道のりを速さといいます。

時速は，1時間に進む道のりを表した速さ，
分速は，1分間に進む道のりを表した速さ，
秒速は，1秒間に進む道のりを表した速さです。

3時間で180km進んだ自動車の速さは，180÷3＝60で，1時間あたりに60km進んでいるので，時速60kmと表せます。

大切 **速さ＝道のり÷時間。**
道のり＝速さ×時間。
時間＝道のり÷速さ。

おうちの方へ
“あの子は足が速い”などはよく使う表現ではないでしょうか。速さとは，ある一定の時間にどの程度進むかを表しています。速さが速い場合は，速さの数字が大きくなります。新幹線などが開通すると最高速度が発表されることもあり，身近に感じる話題が多い単元かもしれません。

例題1

右の表は，A，Bの２つのプールの面積と，それぞれのプールで遊んでいる子どもの人数をまとめたものです。どちらのプールのほうが混(こ)んでいるといえますか。

	面積 （m^2）	人数 （人）
A	250	50
B	60	18

１m^2あたりの子どもの人数は，

A　50÷250＝0.2

B　18÷60＝0.3

Bのほうが，１m^2あたりの人数が多いので混んでいます。　（答え）　Bのプール

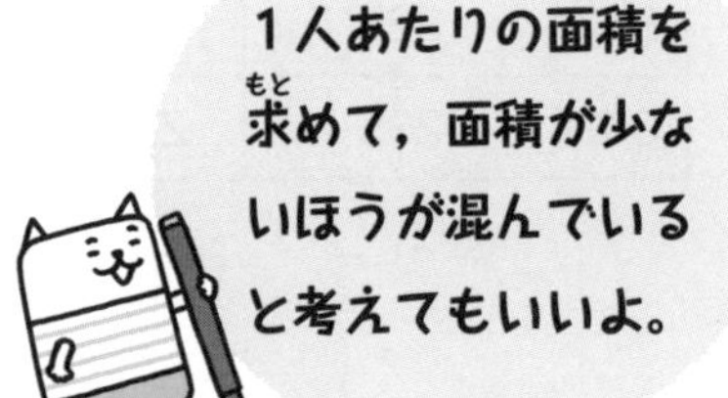

１人あたりの面積を求(もと)めて，面積が少ないほうが混んでいると考えてもいいよ。

例題2

5250mの道のりを７分間で走るバスがあります。次の問題に答えましょう。バスが走る速さは変わらないものとします。

（１）　このバスの速さは分速何mですか。

（２）　このバスが９kmの道のりを走るのに何分かかりますか。

（１）　速さ＝道のり÷時間より，

5250÷７＝750　（答え）　分速750m

（２）　９km＝9000mです。

時間＝道のり÷速さより，

9000÷750＝12　（答え）　12分

道のりと時間の単位に気をつけよう。

おうちの方へ　例題１のように，単位量あたりの大きさの考え方を使えば，２つの場所の面積や人数などが違っていても比較することができます。これは次の単元の学習内容である割合にもつながる考え方です。

練習問題 ・単位量あたりの大きさ・

1 下の表は，A市，B市，C市のそれぞれの面積(めんせき)と人口をまとめたものです。それぞれの市の人口密度(じんこうみつど)を，四捨五入(ししゃごにゅう)して整数で求(もと)めましょう。また，人口密度がもっとも多い市を答えましょう。

	面積 （km^2）	人口 （人）
A市	1121	1960000
B市	327	2295000
C市	225	2742000

(答え) A市　　　　　，B市　　　　　，C市　　　　　，

人口密度がもっとも多い市

2 金50cm^3あたりの重さは965g，銀50cm^3あたりの重さは525gです。

（1） 1cm^3あたりの重さは，金と銀のどちらが何g重いですか。

(答え)

（2） 金20cm^3あたりの重さは何gですか。

(答え)

おうちの方へ　単位量あたりの大きさも，日常生活の中で練習することができます。1袋に複数個入っている野菜や果物の個数と値段から，「1個あたりの値段は何円？」と聞いてみましょう。お店でまとめ買いをすすめる表示の中には，“1つあたり○○円”と書いてあるものもあるかもしれません。

答えは119ページ

③ 次の［　　］にあてはまる数を答えましょう。

（1） 時速72km＝分速［　　］m

(答え)＿＿＿＿＿＿

（2） 秒速３m＝分速［　　］m

(答え)＿＿＿＿＿＿

（3） 時速180km＝秒速［　　］m

(答え)＿＿＿＿＿＿

④ 時速60kmで走る電車があります。電車の走る速さは変(か)わらないものとします。次の問題に答えましょう。

（1） この電車が２時間30分走るときに進む道のりは何kmですか。

(答え)＿＿＿＿＿＿

（2） A駅からB駅までの道のりは200kmです。この電車がA駅を午後２時に出発するとき，B駅に着くのは何時何分ですか。

(答え)＿＿＿＿＿＿

おうちの方へ　③のような速さの単位の換算は，適当な値で作って，たくさん練習してください。問題を作る際の注意点としては，（1）や（3）のように，時速から分速，分速から秒速に換算する問題の場合，６でわり切れる数にしましょう。

1-8 割合

割合

比べる量がもとにする量の何倍にあたるかを表す数を割合といいます。

長さが90cmの黄色のテープと，長さが36cmの緑色のテープがあります。
黄色のテープの長さをもとにしたとき，緑色のテープの長さの割合は，

36 ÷ 90 ＝0.4（倍）
（36：比べる量　90：もとにする量）

で，0.4倍です。

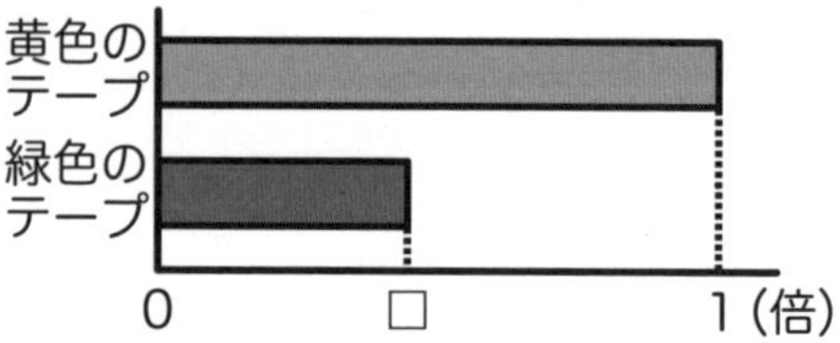

黄色のテープ
緑色のテープ
0　□　1（倍）

大切
割合＝比べる量÷もとにする量。
比べる量＝もとにする量×割合。
もとにする量＝比べる量÷割合。

百分率と歩合

もとにする量を100としたときの割合の表し方を百分率といいます。割合を表す小数0.01を１％（1パーセント）として表します。
歩合は，割合の表し方の１つで，割合を表す小数0.1を１割，0.01を１分，0.001を１厘といいます。
定員が50人のバスに30人の乗客がいるとき，乗客の定員に対する割合は，
30÷50＝0.6　これを百分率で表すと60%，歩合で表すと６割です。

大切

割合を表す小数	1	0.1	0.01	0.001
百分率	100%	10%	１%	0.1%
歩合	10割	１割	１分	１厘

おうちの方へ
割合は，昔から難しくて苦手と感じる子どもが多い学習内容ですが，中学校でも引き続き学びます。４年生での学習内容を思い出しながら，割合を利用するよさを理解し，段階的に学習を進めていきましょう。基礎を身に付けることで，割合の学習が好きになれるとよいですね。

例題１

下の表は，ある１週間に図書室を使った５年生と６年生の人数を調べて，まとめたものです。図書室を利用した人数の割合が多いのは，５年生と６年生のどちらですか。

	全体の人数	図書館を使った人数
５年生	132人	87人
６年生	115人	76人

もとにする量と比べる量はどれかな。

５年生　87÷132＝0.6590…

６年生　76÷115＝0.6608…

６年生のほうが割合が多いです。

（答え）　６年生

例題２

次の［　　］にあてはまる数を答えましょう。

（１）　70％＝［　　］割

70％を小数で表すと，0.7です。割合を表す0.1は１割なので，７割となります。

（答え）　７

10％＝１割，
１％＝１分だよ。

（２）　４割５分＝［　　］％

４割５分を小数で表すと，0.45です。

割合を表す小数を百分率にするときは100倍すればよいので，45％です。

（答え）　45

おうちの方へ

割合は“あるものの量がもう一方の量の何倍にあたるか”を表すので，割合を比べるということは，２つの数量の関係どうしを比べるということです。ⓐ30円→120円ⓑ40円→120円，という場合，ⓐは４倍，ⓑは３倍なので，ⓐとⓑではⓐのほうが値上がりしているとわかります。

練習問題 ●割合●

1 次の□にあてはまる数を答えましょう。

（１） 500gをもとにしたときの300gの割合（わりあい）は□倍です。

(答え)＿＿＿＿＿＿

（２） 450mの２割は□mです。

(答え)＿＿＿＿＿＿

（３） □Lの65%は520Lです。

(答え)＿＿＿＿＿＿

2 つばささんの小学校の全校児童数は900人です。次の問題に答えましょう。

（１） ６年生は児童全体の18%です。６年生は何人いますか。

(答え)＿＿＿＿＿＿

（２） 兄弟姉妹がいる人は，児童全体のうちの477人です。兄弟姉妹がいる人の割合は何割何分ですか。

(答え)＿＿＿＿＿＿

おうちの方へ ５年生の割合では，小数の割合や，百分率や歩合などの日常生活の中でもよく使われる割合を学びます。買い物では“○%割引”や“○割増量中”，料理では“○%の塩分濃度”など，割合はごく当たり前に使われる算数です。見かけたら，声をかけてみてください。

答えは120ページ

③ なつみさんが飼っている犬の体重は6.3kgで，これはなつみさんの体重の15%にあたります。なつみさんの体重は何kgですか。

(答え)

④ ある店で，ボールを１個4020円で売ることにしました。次の問題に答えましょう。

（1） ボール１個の仕入れ額は3000円でした。利益額は仕入れ額の何％ですか。

(答え)

（2） まとめ買いセールの日に，ボールを10個セットにして売ることにしました。ボール１個の値段がもとの値段の９割になるようにするとき，１個の値段は何円ですか。

(答え)

練習問題では，割合を求めるだけでなく，比べる量やもとにする量を問う問題も複数あります。公式を学びましたが，ただ当てはめるのではなく，どの数値がどの量にあたるか，言葉でもしっかり説明できるように促しましょう。

1-9 割合のグラフ

全体を長方形で表し，線で区切って各部分の割合を表したグラフを帯グラフといいます。全体を円で表し，半径で区切って各部分の割合を表したグラフを円グラフといいます。

ある果物の都道府県別収かく量

都道府県	生産量　(t)	割合　(%)
A県	34,600	32
B県	24,300	23
C県	10,600	10
D県	8,880	8
E県	7,310	7
その他	21,610	20
合計	107,300	100

（参考：農林水産省ウェブサイト）

帯グラフにすると

ある果物の都道府県別収かく量の割合

A県	B県	C県	D県	E県	その他

0　10　20　30　40　50　60　70　80　90　100%

ある果物の都道府県別収かく量の割合

円グラフにすると

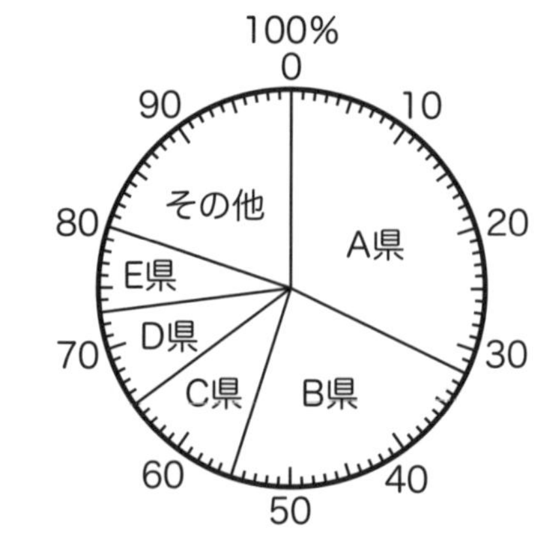

大切 **帯グラフや円グラフは，全体と部分の割合や，部分と部分の割合のちがいがわかりやすくなる。**

５年生のグラフの学習の中で大きな目標となるのは，グラフを示す目的によって，データの種類，収集方法，分類方法，整理方法をどうするか考えたり，どのような表やグラフで表すか考えたりして，最終的にふさわしいものを選ぶことができるようになることです。

例題 1

下の帯グラフは，ある小学校の６年生全員の使っているランドセルの色を調べ，その人数の割合をまとめたものです。ピンクのランドセルを使っている人は６年生全体の何％ですか。

ランドセルの色調べ

黒	ピンク	青・水色	赤	茶	その他

0　10　20　30　40　50　60　70　80　90　100%

グラフの目もりから割合を読み取ります。

「ピンク」の部分の左側を区切る線は30%を，右側を区切る線は48%を指しているので，48−30＝18

（答え）　18%

例題 2

右の円グラフは，ある家庭の６月の電気料金の割合を使用目的別に表したものです。この家庭の６月の電気料金が8000円のとき，エアコンに使った電気料金は何円ですか。

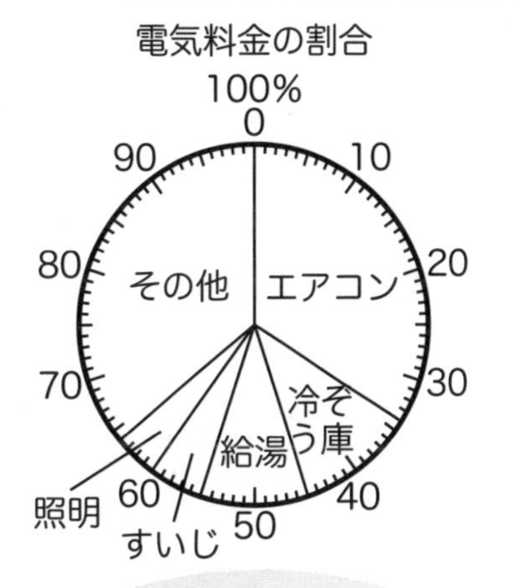

グラフから，エアコンの電気料金の割合は34%とわかるので，

8000×0.34＝2720

（答え）　2720円

比べる量＝もとにする量×割合だね。

おうちの方へ

課題を解決するための手順に，PPDACサイクルがあります。P（Problem：問題設定），P（Plan：計画作成），D（Data：データ収集），A（Analysis：分析），C（Conclusion：結論検討）の順に進めましょう，という指標のようなものです。この中では，結論を出して終わりという訳ではありません。P.48へ続く。

練習問題 ・・ 割合のグラフ ・・

1 下の帯グラフは，あるチーズにふくまれる成分の割合を表したものです。次の問題に答えましょう。

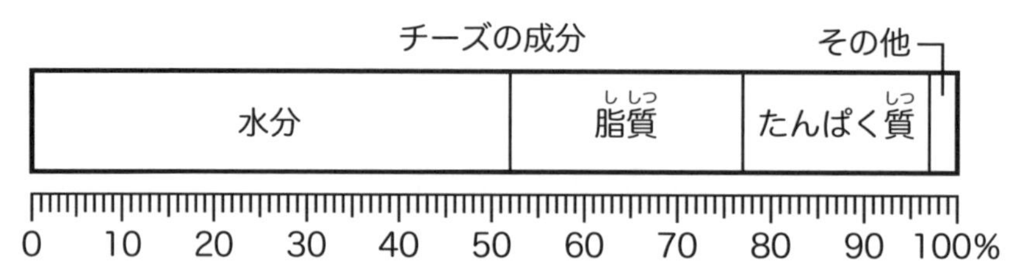

（1） チーズにふくまれるたんぱく質の割合は全体の何％ですか。

（答え）＿＿＿＿＿＿＿＿

（2） チーズにふくまれる水分の割合は，脂質の割合のおよそ何倍ですか。四捨五入して，整数で求めましょう。

（答え）＿＿＿＿＿＿＿＿

2 右の円グラフは，まおさんの小学校の全校児童850人全員のいちばん好きな野菜を調べ，その人数の割合を表したものです。とうもろこしと答えた人は何人ですか。

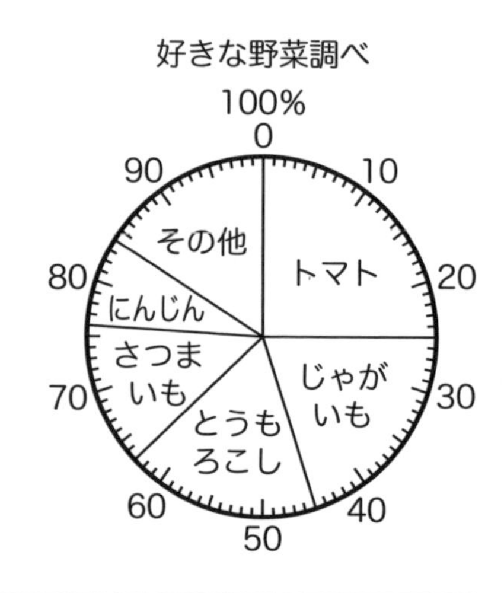

（答え）＿＿＿＿＿＿＿＿

データの分析方法は的確なものだったか，結論の出し方や表現の仕方は適切なものだったかなども検討する必要があります。また，１つのサイクルの中で新たな課題が見つかることが多々あります。その際は，再びサイクルを回していくことになります。P.49へ続く。

答えは 121 ページ

3　下の帯グラフは，ある市の１年生と６年生について，起きる時刻（じこく）を調べ，その人数の割合を表したものです。次の問題に答えましょう。

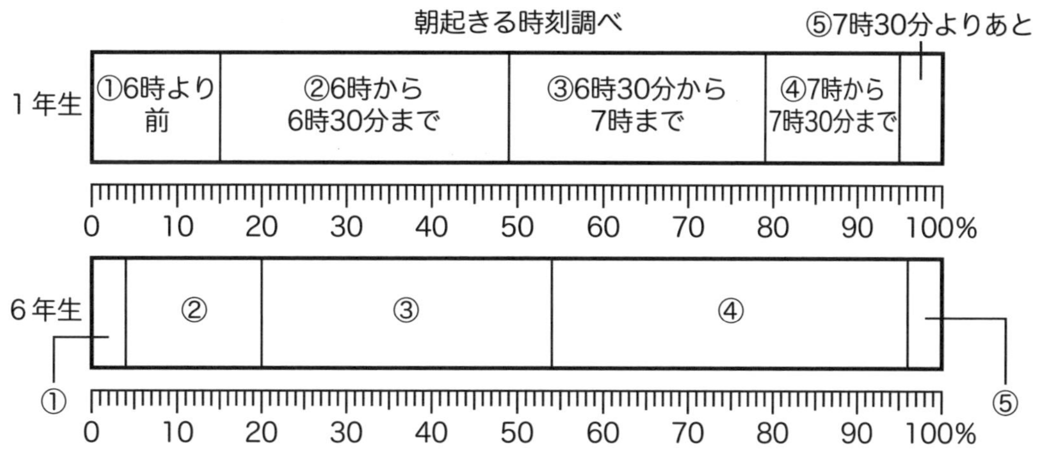

（1）　①の人の割合について，１年生は６年生の何倍ですか。

（答え）

（2）　この帯グラフから読み取れることとして，正しいといえるものを，下のあからえまでの中から１つ選（えら）びましょう。

㋐　１年生も６年生も，②の人の割合がいちばん多い。

㋑　④の人の割合について，６年生は１年生の２倍より多い。

㋒　１年生について，④の人の割合は，③の人の割合の半分より少ない。

㋓　②の人数について，１年生と，６年生の人数は等しい。

（答え）

この考え方が習慣になると，本来の目的を見失ったり，見当違いの方向へ結論を導いたりする事態を避けることができます。学習や仕事を進める際にも，生活の中で問題が発生した際にも，役に立つはずです。この単元では，こうした能力も身につけていきましょう。

1－10 四角形と三角形の面積

平行四辺形で，１つの辺を底辺としたとき，その底辺に垂直な直線の長さを高さといいます。

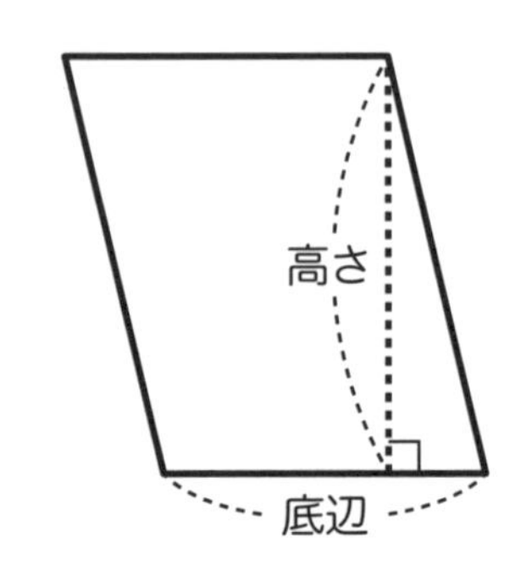

三角形で，１つの辺を底辺としたとき，その辺と向かい合う頂点から底辺に垂直にひいた直線の長さを高さといいます。

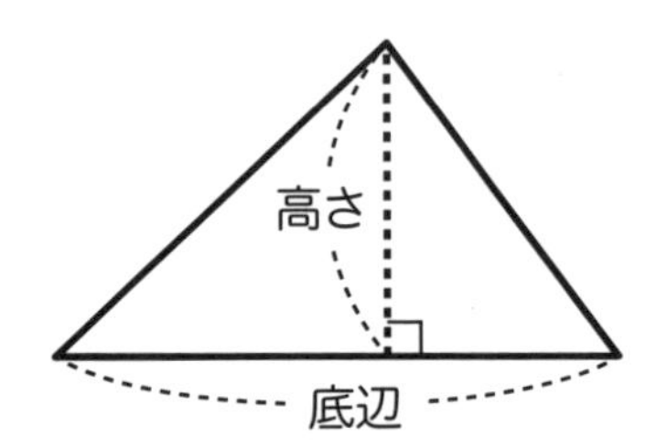

台形で，平行な２つの辺を上底と下底といいます。また，上底と下底に垂直な直線の長さを高さといいます。

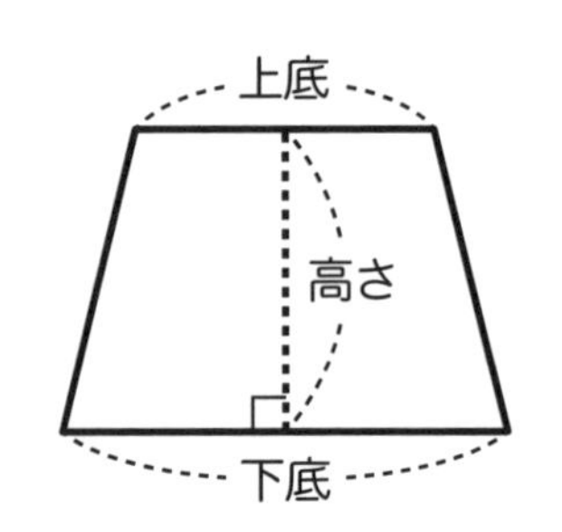

大切 **平行四辺形の面積＝底辺×高さ。**
三角形の面積＝底辺×高さ÷２。
台形の面積＝(上底＋下底)×高さ÷２。
ひし形の面積＝対角線×対角線÷２。

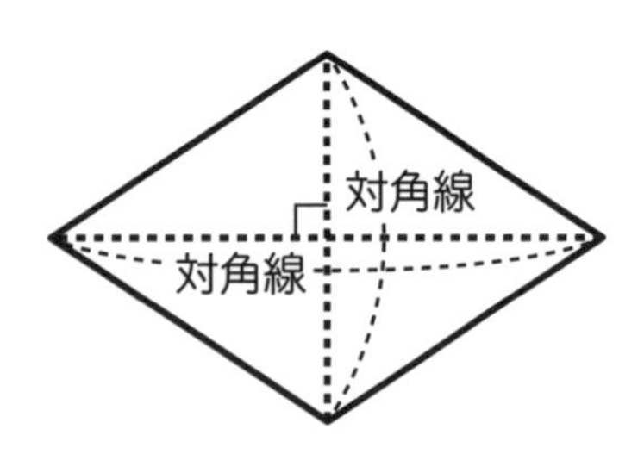

おうちの方へ
４年生では，正方形と長方形の面積について学習しました。５年生では，その他の四角形や三角形の面積を学習します。それぞれ公式が少しずつ違うので，教科書なども見ながら公式の意味も併せて学習し，理解を深めてください。

例題１

右の平行四辺形の面積は何cm^2ですか。

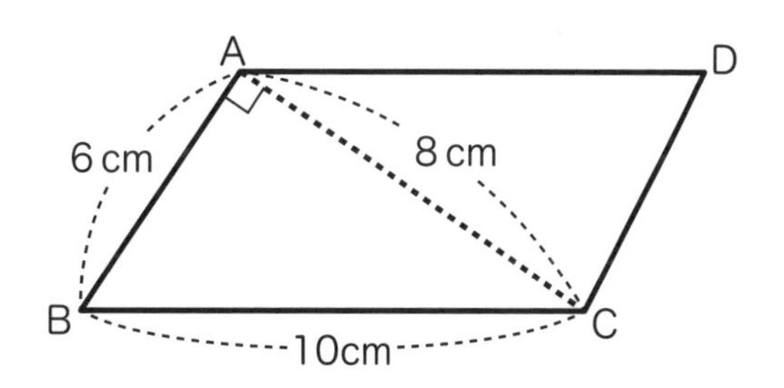

辺ABを底辺とすると，
高さはACなので，
平行四辺形の面積＝底辺×高さ
なので，
　6×8＝48

（答え）　$48cm^2$

高さは底辺に垂直だよ。辺BCを底辺とすると，高さがわからないね。

例題２

右の三角形ABCの面積は何cm^2ですか。

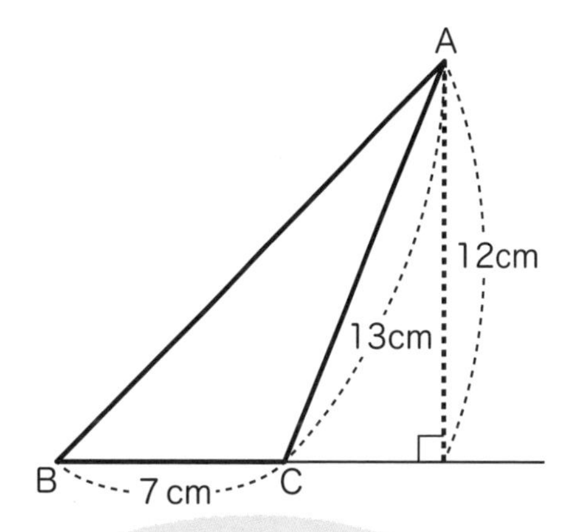

辺BCを底辺とするときの高さは
12cmです。
三角形の面積＝底辺×高さ÷２なので，
　7×12÷２＝42

（答え）　$42cm^2$

辺ACは辺BCと垂直ではないから，高さではないね。

例題１，例題２とも，底辺と高さの関係がしっかり理解できているか確認できる問題です。P.50の図の底辺と高さの位置関係とは異なるので，言葉での解説を読み直しながら，例題の図を見て底辺と高さについて定着させましょう。

練習問題 ・●四角形と三角形の面積●・

1 次の図形の面積(めんせき)は，それぞれ何cm^2ですか。

（１） 平行四辺形(へいこうしへんけい)

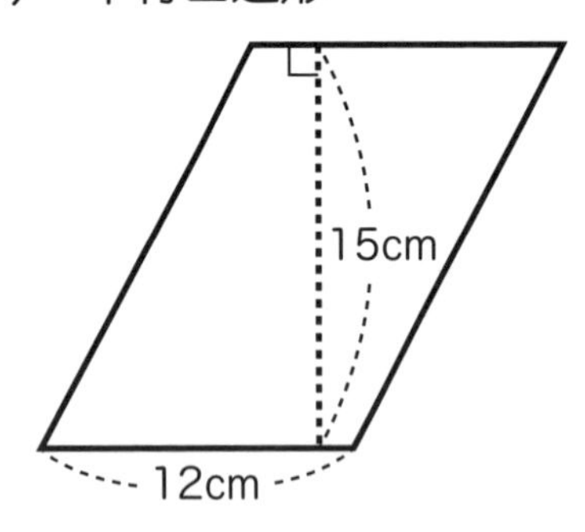

（答え）

（２） 三角形

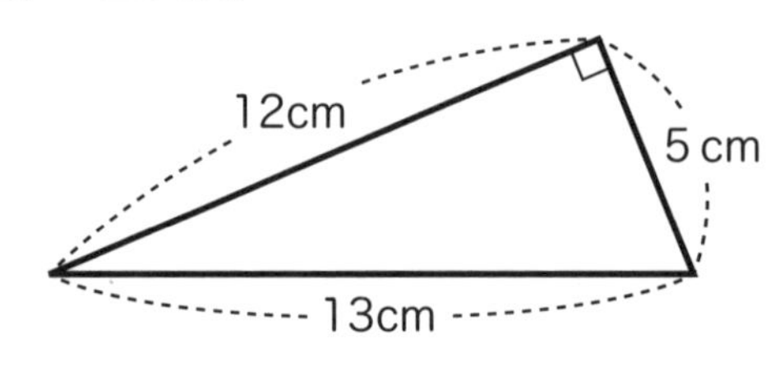

（答え）

（３） 台形

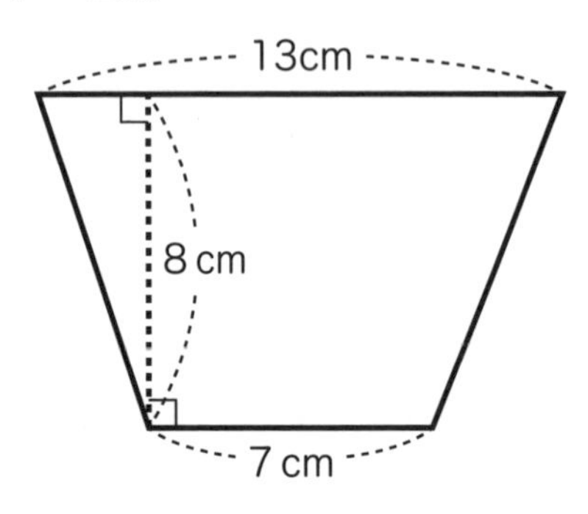

（答え）

（４） ひし形

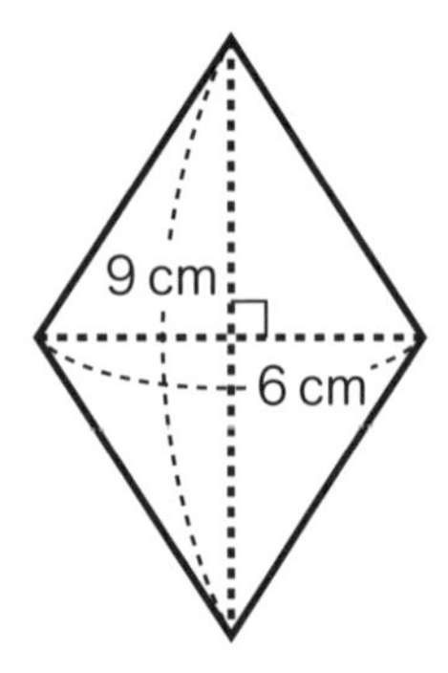

（答え）

おうちの方へ 参考書などでは，図形の問題は問題数が少なくなりがちです。紙にいろいろな四角形や三角形を描いて練習してください。辺が１本だけ長すぎたり短すぎたりしないように，ノートや方眼紙を使って描くことをおすすめします。

答えは 122 ページ

2 次の図形の色をぬった部分の面積は，それぞれ何cm^2ですか。

（1） 大きい三角形の中に小さい三角形をかいた形

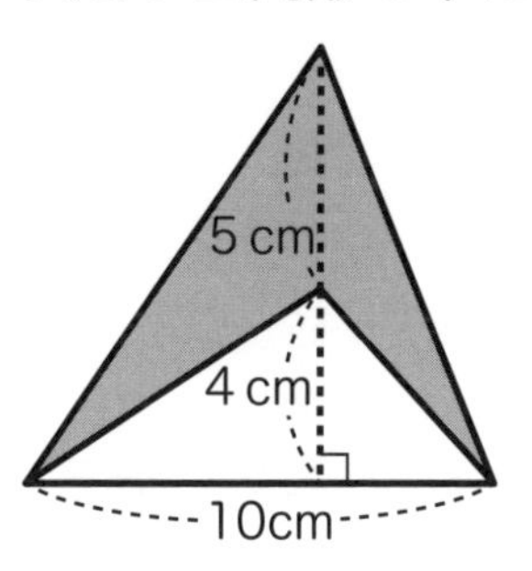

(答え)

（2） 台形の中にひし形をかいた形

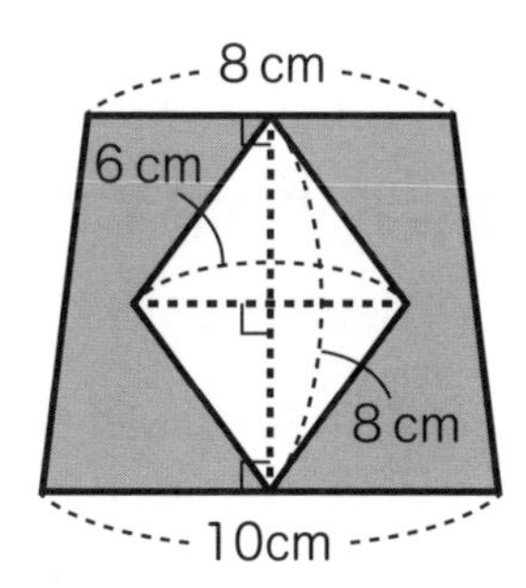

(答え)

3 右の図の六角形の面積は何cm^2ですか。

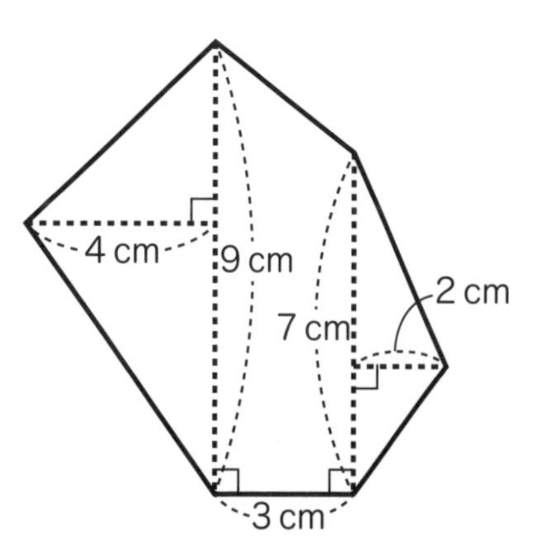

(答え)

③は複数の図形が組み合わさっているように見えます。混乱しているようなら，どんな図形が組み合わさっているか考え，辺をなぞって濃くしたり，別の場所に抜き出して描いておいたり，整理してから解くように促してください。

1－11 変わり方

図のように，１辺が６cmの立方体の形をした積み木を積み上げます。

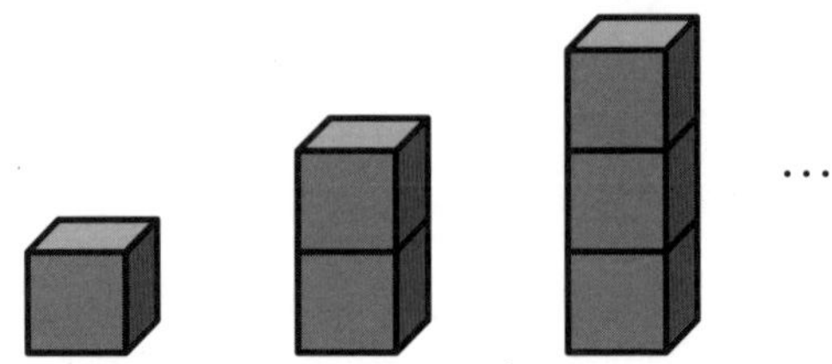

積み木の個数を１個，２個，３個，…と増やしていったときの，高さの変わり方をまとめます。

積み木の個数（個）	1	2	3	4	5	6	7
高さ　　　（cm）	6	12	18	24	30	36	

上の表から，積み木の個数が１ずつ増えると，高さは６ずつ増えていくことがわかります。また，高さはいつも個数の６倍になっています。

積み木の個数を○個，高さを□cmとして，○と□の関係を式に表すと，

○（積み木の個数）×６（積み木１個の高さ）＝□（高さ）

となります。

この式を使うと，積み木の個数が７個のときの，高さを求めることができます。

○に７をあてはめると，

７×６＝□

で，□にあてはまる数は42なので，面積は42cmとなります。

大切　**数の関係を表にまとめたり，式で表したりすることで，変わり方を調べることができる。**

変わり方は，６年生や中学校の内容の比例と反比例や，中学校の内容の１次関数につながる学習内容です。まずは，表を正確に読み取れることを目指します。解説にあるように，“○○が△増える（減る）と，それに伴って□□が◇だけ増える（減る）”という関係を見つけましょう。

例題1

１本120円のペンを何本か買います。買うペンの本数を○本，代金を△円とするとき，次の問題に答えましょう。

ペンの本数　○(本)	1	2	3	4	5
代金　△(円)	120	240	360	480	㋐

（１）　表の㋐にあてはまる数を答えましょう。

（２）　○と△の関係を式に表しましょう。

（１）　代金は，１本の値段（ねだん）が120円のペンを５本買う代金なので，

120×５＝600　　　(答え)　600

（２）　表から，代金は，いつもペンの本数を120倍した数になっているので，

○×120＝△　　　(答え) 120×○＝△

例題2

かなこさんは，300ページある本を読んでいます。このとき，式「300－○＝△」はどのようなことを表していますか。下のㅤあ，い，うの中から１つ選びましょう。

あ　300ページのうち△ページ読んで，○ページ残っている。

い　300ページのうち○ページ読んで，△ページ残っている。

う　○ページのうち300ページ読んで，△ページ残っている。

「300」は本全体のページ数です。「300－○」は，300から○減っているので，全体から○ページ読んだことを表します。　　　(答え)　い

おうちの方へ　表に表されていることがピンとこないようなら，例題１の状況を再現してみてください。ペンを数本と値札の紙を用意して，「１本買うと，代金は120円だね。２本買うと代金は？表に書いてあるとおりになるね」と，声をかけてみてください。理解するきっかけを作りましょう。

練習問題 ・変わり方・

1 空の水そうに，１分間に8Lの水を入れます。下の表は，水を入れ始めてからの時間と，そのときの水の量(りょう)をまとめたものです。次の問題に答えましょう。

時間　（分）	1	2	3	4	…	8
水の量（L）	8	16	24	32	…	㋐

（1） 表の㋐にあてはまる数を求(もと)めましょう。

（答え）＿＿＿＿＿＿

（2） 時間を○分，水そうの中の水の量を△Lとして，○と△の関係(かんけい)を式に表しましょう。

（答え）＿＿＿＿＿＿

2 下の表は，正方形の１辺(ぺん)の長さを１cm，２cm，３cm，…と変(か)えていったときの，まわりの長さをまとめたものです。次の問題に答えましょう。

１辺の長さ　（cm）	1	2	3	…	7
まわりの長さ（cm）	4	8	12	…	㋐

（1） 表の㋐にあてはまる数を求めましょう。

（答え）＿＿＿＿＿＿

（2） 正方形の１辺の長さを△cm，まわりの長さを□cmとして，△と□の関係を式に表しましょう。

（答え）＿＿＿＿＿＿

（3） １辺の長さが９cmのとき，まわりの長さは何cmですか。

（答え）＿＿＿＿＿＿

おうちの方へ 表を読んで式に表すことに慣れてきたら，身のまわりでも“伴って変わるもの”を探してみましょう。本を読むときの読んだページ数と残りのページ数，ペットボトルの飲み物を買うときの本数と重さなど，たくさんあります。見つけたら，一緒に表や式を作ってみましょう。

答えは123ページ

3 下の表は，ノートの冊数(さっすう)と重さをまとめたものです。次の問題に答えましょう。

冊数　（冊）	1	2	3	…	8
重さ　（g）	140	280	420	…	㋐

（1）　表の㋐にあてはまる数を求めましょう。　（答え）

（2）　ノートの冊数を○，重さを□として，○と□の関係を式に表しましょう。

（答え）

（3）　重さが1260gのとき，冊数は何冊ですか。（答え）

4 ある店で，クッキーが９枚(まい)入っているふくろが１袋500円で売られています。次の問題に答えましょう。

（1）　クッキーのふくろを150円の箱に入れてもらうとき，「500×○＋150＝△」はどのようなことを表していますか。下のあ，い，うの中から１つ選びましょう。

あ　500枚のふくろを○ふくろと150枚の箱を買うときの枚数は△枚となる。
い　500枚のふくろを○ふくろと150枚の箱を買うときの残りは△枚となる。
う　500円のふくろを○ふくろと150円の箱を買うときの代金は△円となる。
え　500円のふくろを○ふくろと150円の箱を買うときのおつりは△円となる。

（答え）

（2）　買ったクッキーのふくろを○ふくろ，クッキーの枚数を□枚として，○と□の関係を式に表しましょう。　（答え）

おうちの方へ
④が進められないようなら，自分で表をかいてみるように促してください。P.54のこの欄で書いたように，今後も同じような内容の学習は続いていきます。文字だけで理解しにくい場合は，自分で表や図をかく習慣をつけていれば，慌てずに問題に向き合うことができます。

1－12 正多角形と円

正多角形

直線で囲まれた図形を多角形といいます。
辺の長さがすべて等しく，角の大きさもすべて等しい多角形を正多角形といいます。
円の中心のまわりを，辺の数で等分して半径をかき，円と交わった点を頂点として結ぶと，正多角形をつくることができます。

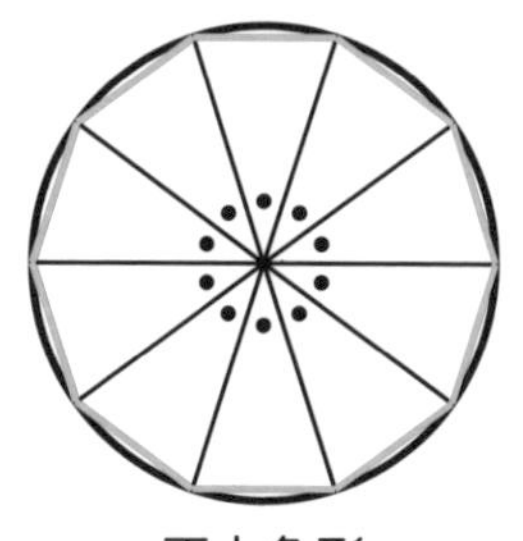
正十角形

大切 **正多角形には，正三角形，正方形，正五角形，正六角形などがある。**

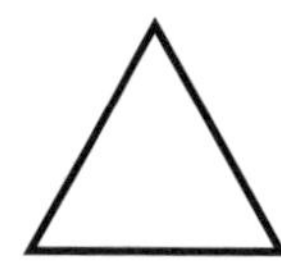
正三角形

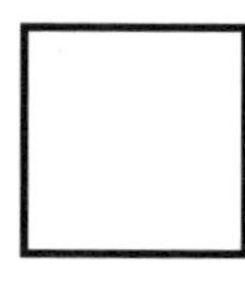
正方形

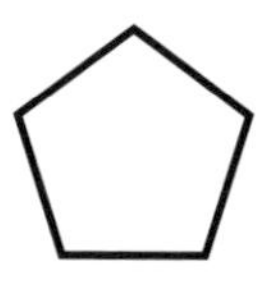
正五角形

正六角形

円のまわりの長さ

円のまわりの長さのことを円周といい，円周の長さが直径の長さの何倍になっているかを表す数を円周率といいます。
円周率は，くわしく求めると，3.14159…となりますが，多くの場合，四捨五入した3.14を使います。
直径が12cmの円の円周の長さは，直径の3.14倍なので，

12×3.14＝37.68

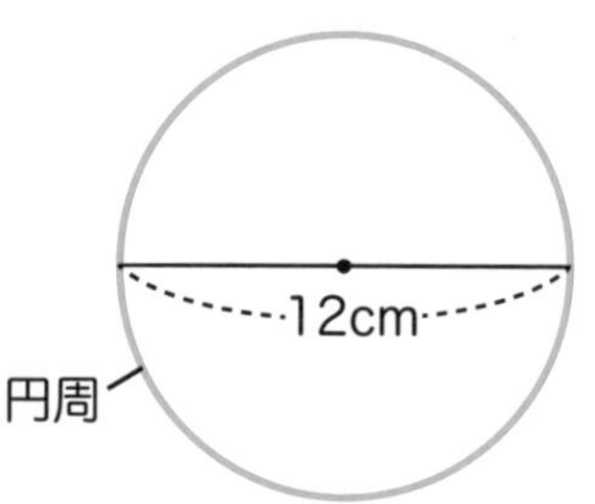

大切 **円周＝直径×3.14（円周率）。**
円周率＝円周÷直径。

P.20で多角形について触れましたが，ここでは正多角形を学習します。正三角形，正方形も正多角形で，共通の性質は，辺の長さがすべて等しく，角の大きさもすべて等しいことです。これを覚えていれば，他の正多角形も自然に理解が進むのではないでしょうか。

例題 1

下の図のように，円の中心のまわりを８等分して正八角形をかきました。
㋐の角，㋑の角の大きさは何度ですか。

正八角形は，円の半径によって，８つの二等辺三角形に分けられているよ。

㋐の角は，360°を８等分しているので，360°÷８＝45°
三角形の３つの角の和は180°で，㋑と㋒の角の大きさは等しいので，㋑の角は，
　(180°−45°)÷２＝67.5°

（答え）㋐　45°　，㋑　67.5°

例題 2

直径６cmの円の円周の長さは何cmですか。

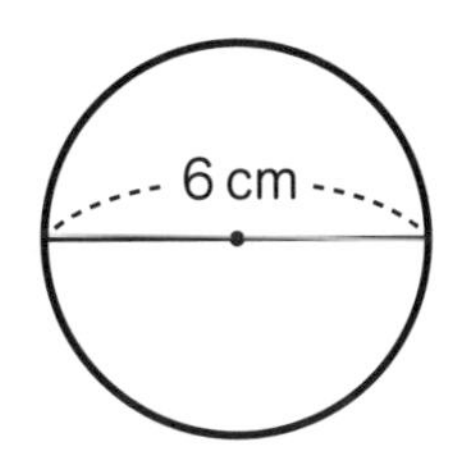

６×3.14＝18.84
直径　円周率

（答え）　18.84cm

円周＝直径×円周率だね。

P.58にあるように，正多角形は円を利用して描くことができます。また，正多角形は，円の内側にぴったり入り，円の外側にぴったりくっつくという性質があります。正多角形は円と組み合わせて学習を進めましょう。

練習問題 ・● 正多角形と円 ●・

1　右の図のように，半径（はんけい）4 cmの円の中心のまわりを6等分して正六角形をかきました。次の問題に答えましょう。

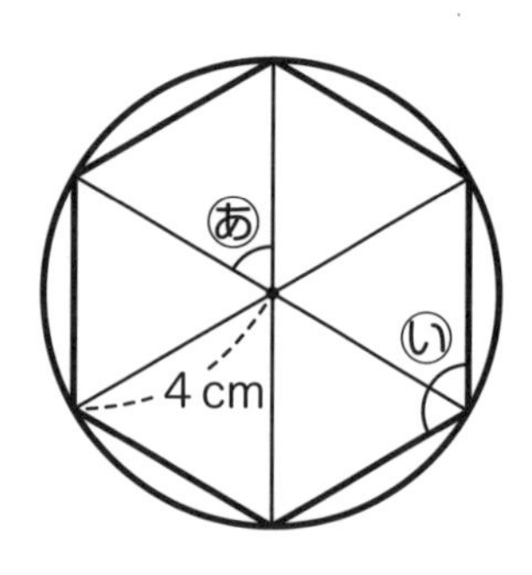

（1）　あ，いの角の大きさは，それぞれ何度ですか。

（答え）あ　　　　　　，い

（2）　正六角形のまわりの長さは何cmですか。

（答え）

2　次の円の円周（えんしゅう）の長さは何cmですか。

（1）　直径15cmの円

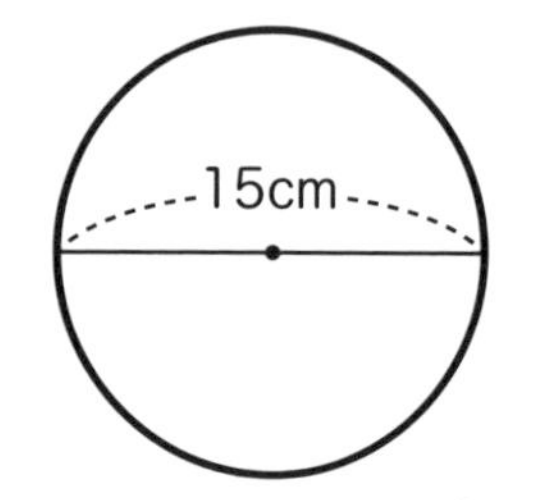

（答え）

（2）　半径4 cmの円

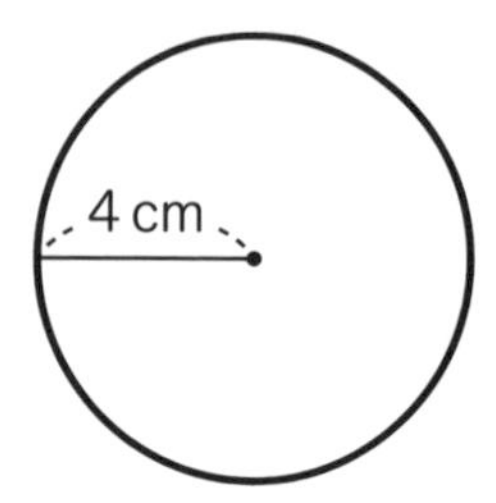

（答え）

おうちの方へ　②（2）は半径が示されていますが，円周の長さを求めるためには直径が必要です。半径に円周率をかけてしまうようなら，落ち着いて問題文や図を見てから解くように促しましょう。このあとは，円の面積を求める単元があります。円周の長さはここで定着させましょう。

答えは124ページ

3 次の円の円周の長さは何cmですか。

（1） 直径9cmの円

(答え)

（2） 半径8cmの円

(答え)

4 次の図形の色をぬった部分のまわりの長さは何cmですか。

（1）

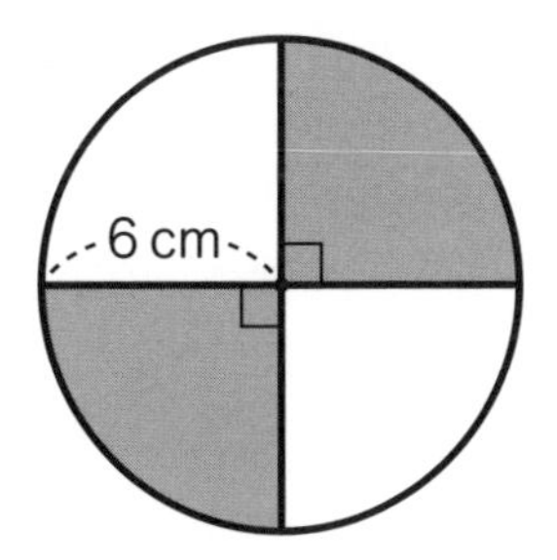

(答え)

（2）

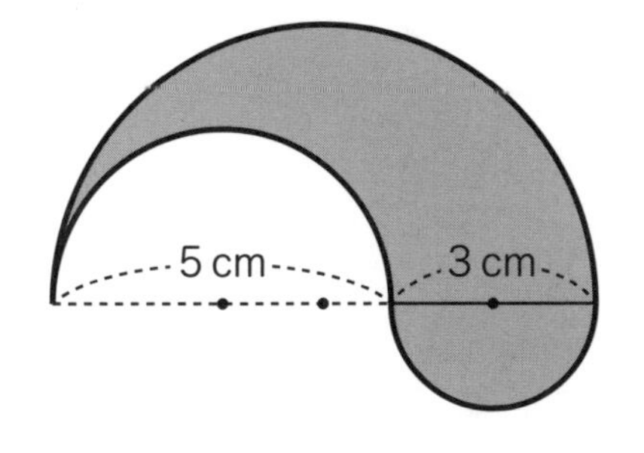

(答え)

おうちの方へ
④（1）の色を塗った部分の周りの長さは，円周の部分だけでなく，直線部分を含めなければなりません。忘れがちなので，間違えていたら「次は直線部分を忘れないようにしよう」と声をかけて，今後注意を怠らないように促しましょう。

星と三角形

右ページの星の形の図に直線を２本引いて，三角形を10個(こ)つくろう。

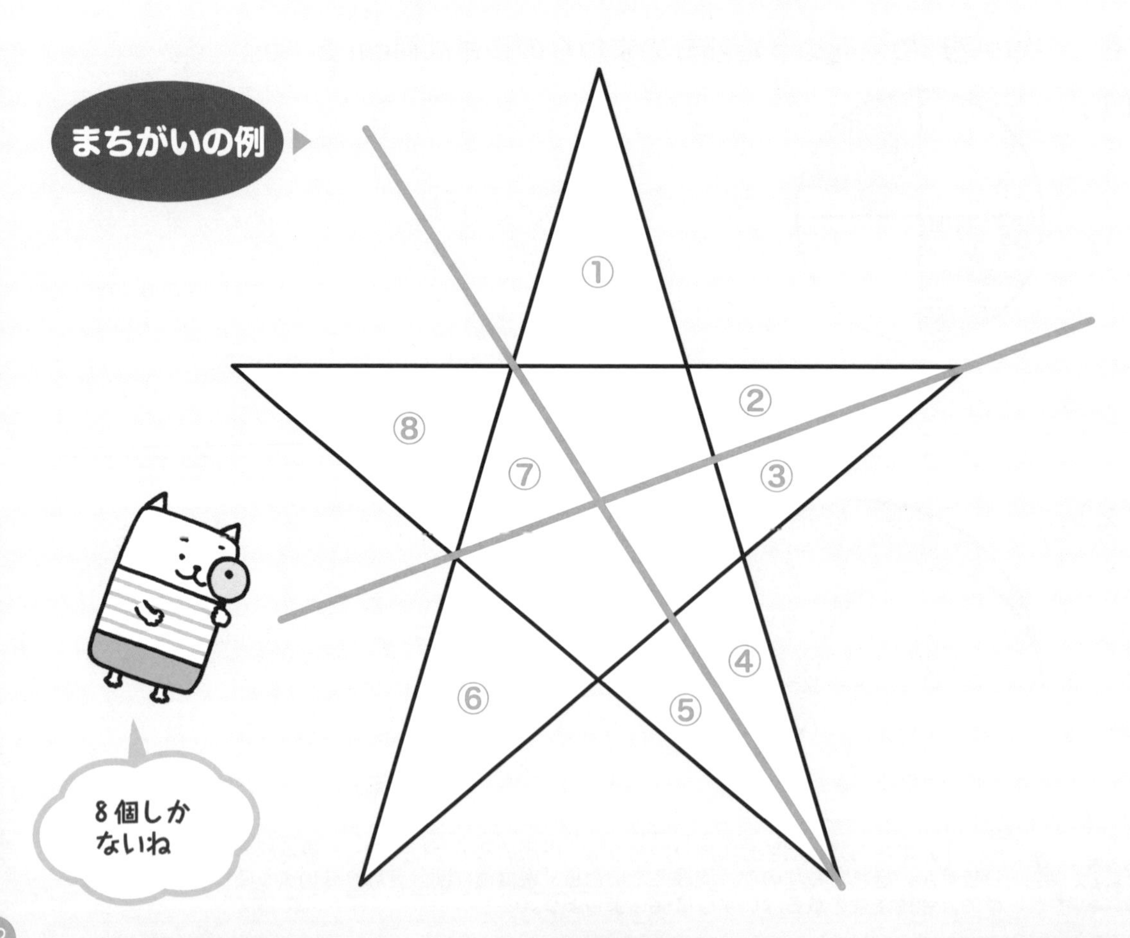

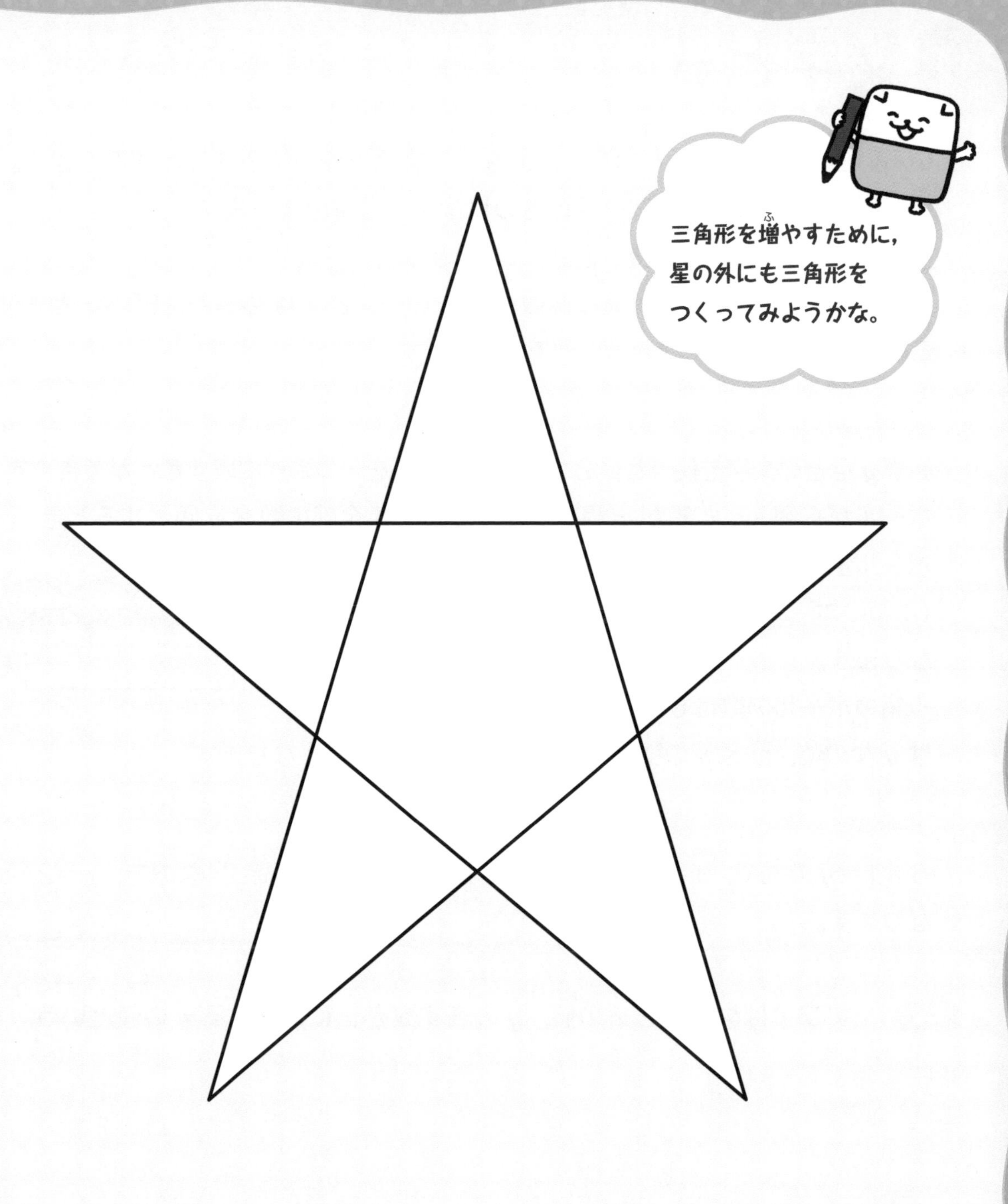
三角形を増やすために，
星の外にも三角形を
つくってみようかな。

答えは 141 ページ

2-1 文字と式

いろいろと変わる数のかわりに，x などの文字を使って表すことがあります。
1個80円のみかんを x 個買うときの代金は，言葉の式で表すと，
(みかん1個の値段)×(買う個数)となります。
みかん1個の値段は80，買う個数は x なので，あてはめると，80×x と表すことができます。

x や y などの文字を使うと，2つの数量の関係を1つの式に表すことができます。
ボールが6個入った箱が x 個あります。ボール全部の数を y 個とするとき，
ボール全部の数は，言葉の式で表すと，
(1箱のボールの数)×(箱の数)＝(ボール全部の数)となります。
1箱のボールの数は6，箱の数は x，ボール全部の数は y なので，x と y の関係を表す式は，6×x＝y となります。

6×x＝y の式で，x＝4のとき，y の表す数は，6×4＝24なので，y＝24となります。

大切 **x にあてはめた数を x の値，y の表す数を x に対応する y の値という。**

5年生までは，式を表す場面でわからない数量があるときは，□や△などを使っていました。6年生では，a や x などの文字を使って表します。中学校以降では，文字の式がより複雑になる学習内容があるので，文字を使うことに十分慣れるよう支援しましょう。

例題1

ジュースが15dLあります。このジュースを x dL飲みました。

（1） 残(のこ)りのジュースの量を表す式を，x を使って書きましょう。

（2） 飲んだジュースが9dLのときの，残りのジュースの量は何dLですか。

（1） 言葉の式で表すと，

（はじめのジュースの量）－（飲んだジュースの量）＝（残りのジュースの量）となります。はじめのジュースの量は15，飲んだ量は x なので，あてはめると，x を使った文字の式は，15－x です。

（答え）　15－x

（2） 飲んだジュースの量は x なので，15－x の式の x に9をあてはめます。

15－9＝6

（答え）　6dL

例題2

縦(たて)の長さが x cm，横の長さが7cmの長方形の面積(めんせき)が42cm²のとき，面積を求める式は，x×7＝42です。この式が成(な)り立つときの x の値を求(もと)めましょう。

x cm　面積42cm²

7cm

x×7の式の x に，1，2，3，…と数をあてはめていきます。面積は，1×7＝7，2×7＝14，3×7＝21，4×7＝28，5×7＝35，6×7＝42，7×7＝49，…となります。

x×7が42となる x の値は6です。

（答え）　6

x に数をあてはめていくと，式が成り立つ x の値がわかるよ。

おうちの方へ　例題1では，今までの学習と同様に，まずは言葉の式で表してみるように促しましょう。実際に言葉の式を書くことで，問題文を整理することができます。その上で，数をあてはめていきましょう。他の学習内容でもそうですが，慣れるまでは丁寧に段階を踏んで練習しましょう。

練習問題 ・文字と式・

1 x kgの本を1.5kgの箱に入れます。次の問題に答えましょう。

（1） 箱全体の重さを表す式を，x を使って書きましょう。

(答え)

（2） 本の重さが0.8kgのときの，箱全体の重さは何kgですか。

(答え)

2 １本75円のえん筆を x 本買います。次の問題に答えましょう。

（1） 代金を表す式を，x を使って書きましょう。

(答え)

（2） 代金が300円になるとき，買うえん筆の本数を求(もと)めましょう。

(答え)

おうちの方へ 慣れてきたら，言葉の式をつくる段階は飛ばしても構いません。一方で，慣れると流れ作業のように，あまり問題文を読まずに式を立て始めてしまうこともあるかもしれません。間違えてしまった場合は，もう一度言葉の式をつくるところから始めるように，声をかけましょう。

答えは 126 ページ

3 直径が x cmの円の円周の長さを y cmとします。
円周率を3.14として，次の問題に答えましょう。

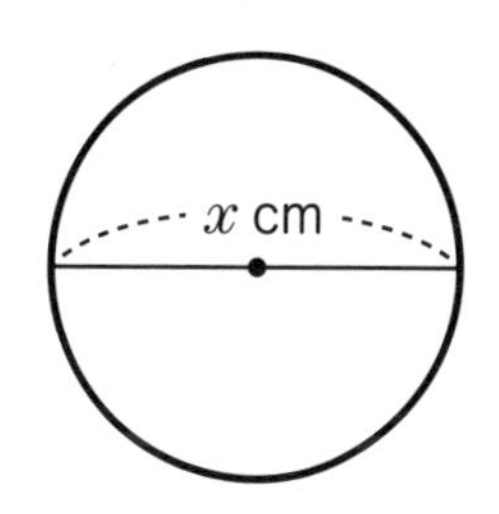

（1） x と y の関係を式に表しましょう。

(答え)

（2） $x=5$ のとき，円周の長さを求めましょう。

(答え)

4 x と y の関係が $36+x=y$ の式で表される場面を，下の㋐，㋑，㋒の中から１つ選びましょう。

㋐ ビー玉が36個入っているふくろが x ふくろあります。ビー玉の数は全部で y 個です。
㋑ 36円の消しゴムと x 円のえん筆を買います。代金は y 円です。
㋒ 折り紙が36枚あります。x 枚使うと，残りの折り紙は y 枚です。

(答え)

おうちの方へ
③のように，円周の長さにおいても文字の式の練習をすることができます。小数や分数が混ざったものでも，面積や体積の内容でも練習できます。もう少し練習が必要だと思われる場合や，理解を深めたい場合は，いろいろな場面の問題をつくって，一緒に学習を続けてください。

2-2 分数のかけ算とわり算

$\frac{2}{5}\times 8$の計算

分母はそのままにして，分子に整数をかけます。

$$\frac{2}{5}\times 8=\frac{2\times 8}{5}=\frac{16}{5}=3\frac{1}{5}$$

$\frac{5}{9}\div 4$の計算

分子はそのままにして，分母に整数をかけます。

$$\frac{5}{9}\div 4=\frac{5}{9\times 4}=\frac{5}{36}$$

$\frac{3}{4}\times\frac{2}{7}$の計算

分数に分数をかける計算は，分母どうし，分子どうしをかけます。

$$\frac{3}{4}\times\frac{2}{7}=\frac{3\times \overset{1}{\cancel{2}}}{\underset{2}{\cancel{4}}\times 7}=\frac{3}{14}$$

約分(やくぶん)できるときは，約分してから計算する

$\frac{5}{8}\div\frac{3}{7}$の計算

2つの数の積(せき)が1になるとき，一方の数をもう一方の数の逆数(ぎゃくすう)といいます。

分数でわる計算は，わる数の逆数をかけます。

$$\frac{5}{8}\div\frac{3}{7}=\frac{5}{8}\times\frac{7}{3}=\frac{35}{24}=1\frac{11}{24}$$

$\frac{3}{7}$の逆数は$\frac{7}{3}$

大切

分数×整数

$\frac{△}{□}\times○=\frac{△\times○}{□}$。

分数÷整数

$\frac{△}{□}\div○=\frac{△}{□\times○}$。

分数×分数

$\frac{△}{□}\times\frac{☆}{○}=\frac{△\times☆}{□\times○}$。

分数÷分数

$\frac{△}{□}\div\frac{☆}{○}=\frac{△}{□}\times\frac{○}{☆}=\frac{△\times○}{□\times☆}$。

おうちの方へ

分数のかけ算とわり算は，たし算やひき算とは少し違う手順になりますし，それぞれも違う手順で計算します。混乱してしまうことがあるかもしれません。この場では，かけ算とわり算の計算を理解することを優先し，定着したようなら，たし算やひき算を合わせて整理しましょう。

例題１

縦の長さが$\frac{6}{5}$m，横の長さが$\frac{2}{3}$mの長方形の形をした花だんがあります。この花だんの面積は何m²ですか。

分母どうし，分子どうしをかけます。
約分できるときは，約分してから計算します。

$$\frac{6}{5}\times\frac{2}{3}=\frac{\overset{2}{\cancel{6}}\times 2}{5\times\underset{1}{\cancel{3}}}=\frac{4}{5}$$

（答え）　$\frac{4}{5}$m²

例題２

お茶がやかんに$2\frac{1}{7}$L，ペットボトルに$\frac{3}{4}$L入っています。やかんに入っているお茶は，ペットボトルに入っているお茶の量の何倍ですか。

もとにする量が$\frac{3}{4}$L，比べる量が$2\frac{1}{7}$Lです。
わる数の逆数をかけます。

$$2\frac{1}{7}\div\frac{3}{4}=\frac{15}{7}\div\frac{3}{4}=\frac{15}{7}\times\frac{4}{3}=\frac{\overset{5}{\cancel{15}}\times 4}{7\times\underset{1}{\cancel{3}}}=\frac{20}{7}=2\frac{6}{7}$$

帯分数は仮分数にしてから計算するんだね。

（答え）　$2\frac{6}{7}\left(\frac{20}{7}\right)$倍

おうちの方へ　かけ算とわり算の問題が帯分数で出題された場合は，仮分数にしてから計算する必要があります。たし算やひき算は，分数部分だけでもたしたりひいたりできますが，かけ算とわり算は，その分数全体に対して，かけたりわったりしなければならないためです。

練習問題 ・● 分数のかけ算とわり算 ●・

1 次の計算をしましょう。

（1） $\frac{2}{9} \times 4$

（答え）

（2） $\frac{16}{5} \div 6$

（答え）

（3） $\frac{5}{6} \times \frac{3}{8}$

（答え）

（4） $\frac{6}{7} \div \frac{3}{14}$

（答え）

（5） $\frac{3}{4} \times \frac{16}{9}$

（答え）

（6） $3\frac{1}{2} \div \frac{7}{10}$

（答え）

おうちの方へ 計算問題を間違えた場合は，どこの計算で間違ったのか，きちんと把握してから学習を進めてください。仮分数にし忘れたのか，仮分数にするときに間違ったのか，かけ算やわり算を間違えたのか，最後の約分を間違えたのか，自分が間違いやすいポイントに気づけることが大切です。

答えは127ページ

② 赤，青，白のリボンがあります。赤いリボンの長さは $1\frac{5}{7}$mです。次の問題に答えましょう。

（1） 青いリボンの長さは，赤いリボンの長さの$\frac{5}{6}$倍です。青いリボンの長さは何mですか。

(答え)

（2） 白いリボンの長さは$2\frac{2}{5}$mです。白いリボンの長さは，赤いリボンの長さの何倍ですか。

(答え)

③ 次の問題に答えましょう。

（1） 1kgでかべを$1\frac{3}{4}$m²ぬれるペンキがあります。このペンキ$3\frac{1}{5}$kgでぬれるかべは何m²ですか。

(答え)

（2） $1\frac{1}{8}$mの重さが$\frac{9}{10}$kgの棒（ぼう）があります。この棒1mの重さは何kgですか。

(答え)

③は，単位量あたりの大きさや割合などの学習内容を含みます。問題を解く中で，算数の学習内容は組み合わさったり結びついたりしていることを受け入れ，今後“どこかで見たことがある気がするな”と思い，確認できたら，学習が深まっているといえるでしょう。

2-3 対称な図形

線対称な図形

線対称な図形は，１本の直線を折り目にして二つに折ったとき，両側の部分がぴったり重なる図形です。

右の図の五角形ABCDEは線対称な図形です。

折り目にした直線を対称の軸といいます。

対称の軸で折ったときに重なり合う点，辺，角を，それぞれ対応する点，辺，角といいます。

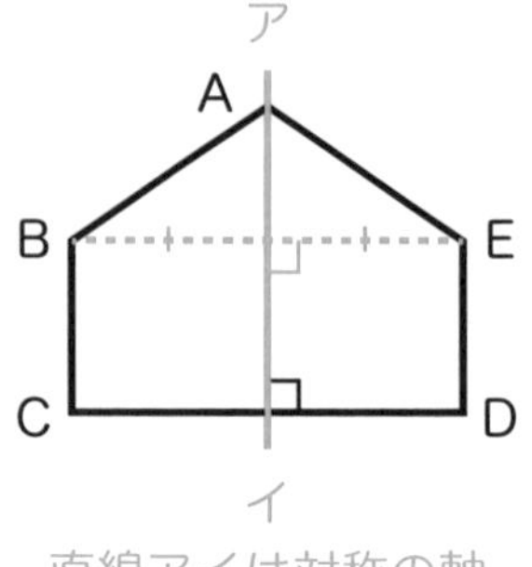

直線アイは対称の軸

大切 **対応する２つの点を結ぶ直線は，対称の軸と垂直に交わる。その交わる点から対応する２つの点までの長さは等しくなる。**

点対称な図形

点対称な図形は，１つの点のまわりに180°回転させたとき，もとの図形にぴったり重なる図形です。

右の図の六角形ABCDEFは点対称な図形です。

回転の中心にした点を対称の中心といいます。

対称の中心のまわりに180°回転させたときに重なり合う点，辺，角を，それぞれ対応する点，辺，角といいます。

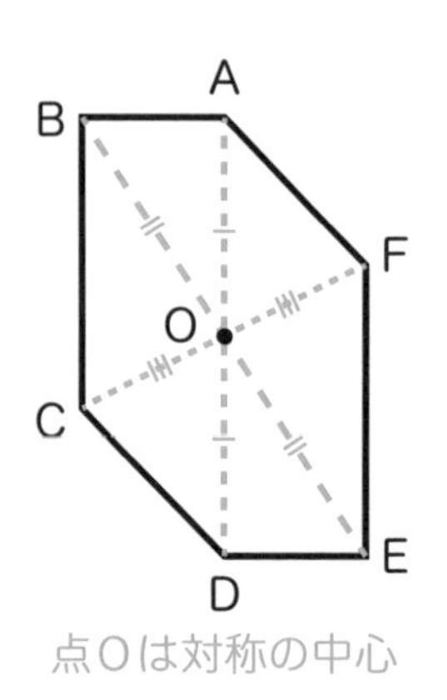

点Oは対称の中心

大切 **対応する２つの点を結ぶ直線は，対称の中心を通る。対称の中心から対応する２つの点までの長さは等しくなる。**

おうちの方へ この単元では，観察したり作図したりするなかで，線対称や点対称の意味を理解していくことを目指します。紙面の図形を他の紙に写し取り，折ったり回転させたりしてみてください。「これは線対称だね。これはどうかな？折ってみよう」など，声をかけながら一緒に観察しましょう。

例題１

右の図は線対称な図形です。点Aに対応する点はどれですか。

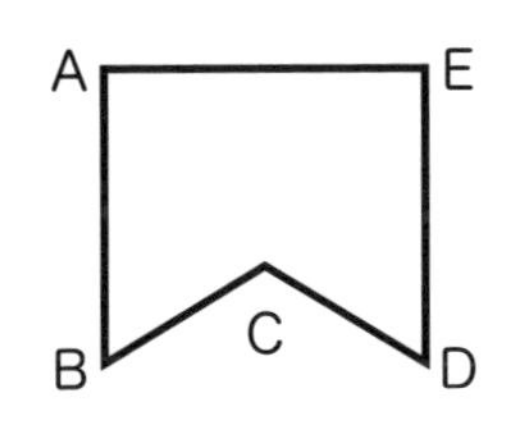

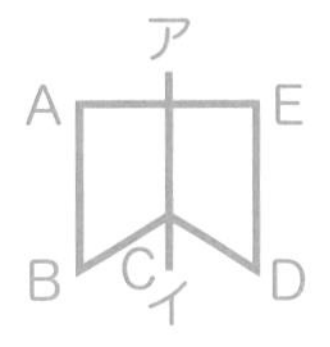

対応する点は，対称の軸で２つに折ったときに，重なる点だね。

直線アイを対称の軸とする，線対称な図形です。直線アイで図形を２つに折ると，点Aと点Eが重なります。点Aに対応する点は点Eです。

（答え）　点E

例題２

右の図は点Oを対称の中心とする点対称な図形です。辺ABに対応する辺はどれですか。

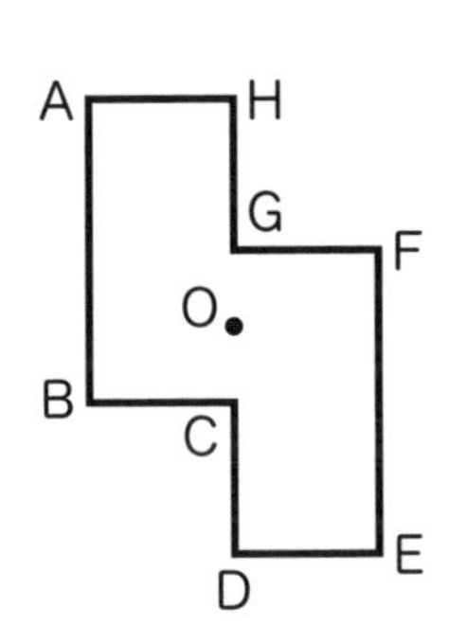

点と対称の中心を直線で結んでみよう。

点対称な図形では，対応する２つの点を結ぶ直線は，対称の中心を通ります。点Aと点E，点Bと点Fが対応するので，辺ABに対応する辺は辺EFです。

（答え）　辺EF

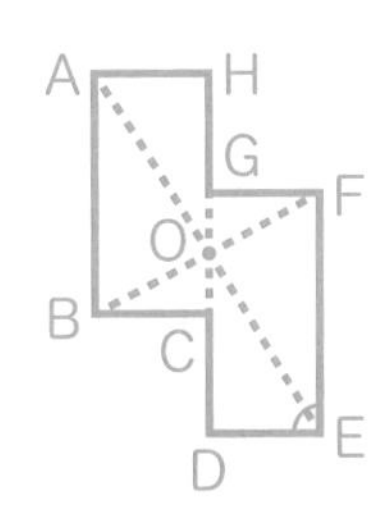

おうちの方へ　例題１の解説にあるように，線対称の図形の問題を解くときは，対称の軸を，点対称の図形の問題を解くときは，対応する２つの点を結ぶ直線を図形に描き入れるように促してください。どことどこが対応しているのかが一目でわかるようになり，間違いを減らすことができます。

練習問題 対称な図形

1 下の㋐から㋓までの図形を見て，次の問題に答えましょう。

㋐

㋑

㋒

㋓

（1） 線対称(せんたいしょう)な図形はどれですか。全部選(えら)びましょう。

(答え)＿＿＿＿＿＿＿＿

（2） 点対称な図形はどれですか。全部選びましょう。

(答え)＿＿＿＿＿＿＿＿

2 右の図は線対称な図形です。次の問題に答えましょう。

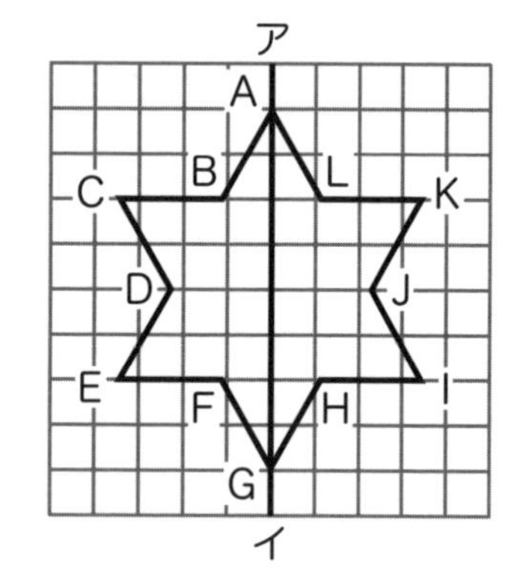

（1） 直線アイを対称の軸(じく)とみたとき，辺(へん)CDに対応(たいおう)する辺はどれですか。

(答え)＿＿＿＿＿＿＿＿

（2） 対称の軸は，直線アイもふくめて，全部で何本ありますか。

(答え)＿＿＿＿＿＿＿＿

図形の美しさに注目できるようになることも大切とされています。対称性は国旗，都道府県や市区町村などのマーク，家紋，企業のロゴなど，さまざまな場所や場面で使われています。対称な図形の美しさや安定感が多くの人に好まれるからでしょう。一緒に調べてみてください。

答えは128ページ→

3　右の図は点Oを対称の中心とする点対称な図形です。次の問題に答えましょう。

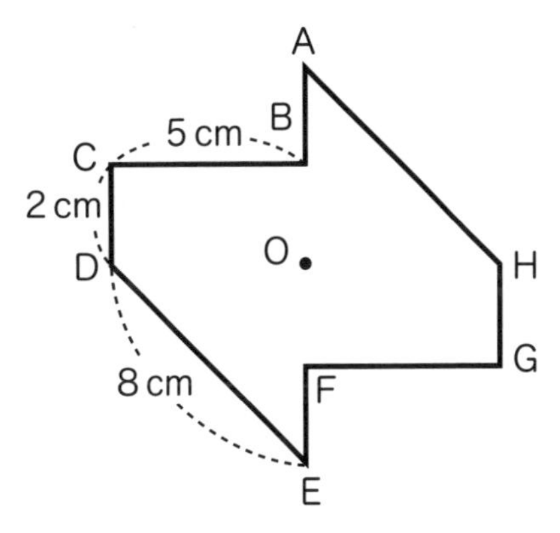

（1）　点Cに対応する点はどれですか。

(答え)＿＿＿＿＿＿＿＿

（2）　辺AHの長さは何cmですか。

(答え)＿＿＿＿＿＿＿＿

4　下の図の㋐から㋔までの正多角形について，次の問題に答えましょう。

㋐正三角形　㋑正方形　㋒正五角形　㋓正六角形　㋔正八角形

（1）　㋒は，線対称な図形です。対称の軸は何本ありますか。

(答え)＿＿＿＿＿＿＿＿

（2）　線対称でもあり，点対称でもある図形はどれですか。㋐から㋔までの中から全部選びましょう。

(答え)＿＿＿＿＿＿＿＿

おうちの方へ
④は，５年生の学習内容である正多角形についての対称性を確認します。図形の領域でも，他の単元で学んだことを生かした学習内容が多々あります。「円はどうかな？ひし形や台形はどうかな？」などと，興味をもてるように声かけしてもよいでしょう。

2-4 円の面積

図1のように円を小さなおうぎの形に切り分けて，図2のように並べると平行四辺形のような形になります。図3のように，おうぎの形をできるだけ細かく切り分けて，図4のように並べると，図5のような，長方形に近づきます。長方形の縦の長さは半径で，横の長さは円周の半分の長さです。円周の半分の長さは，直径×円周率÷2で求められます。

円の面積がこの長方形の面積と等しいと考えると，

円の面積＝半径×直径×円周率÷2

（半径：長方形の縦　直径×円周率÷2：長方形の横）

＝半径×半径×2×円周率÷2

（半径×2：直径＝半径×2）

＝半径×半径×円周率

大切　**円の面積＝半径×半径×円周率(3.14)。**

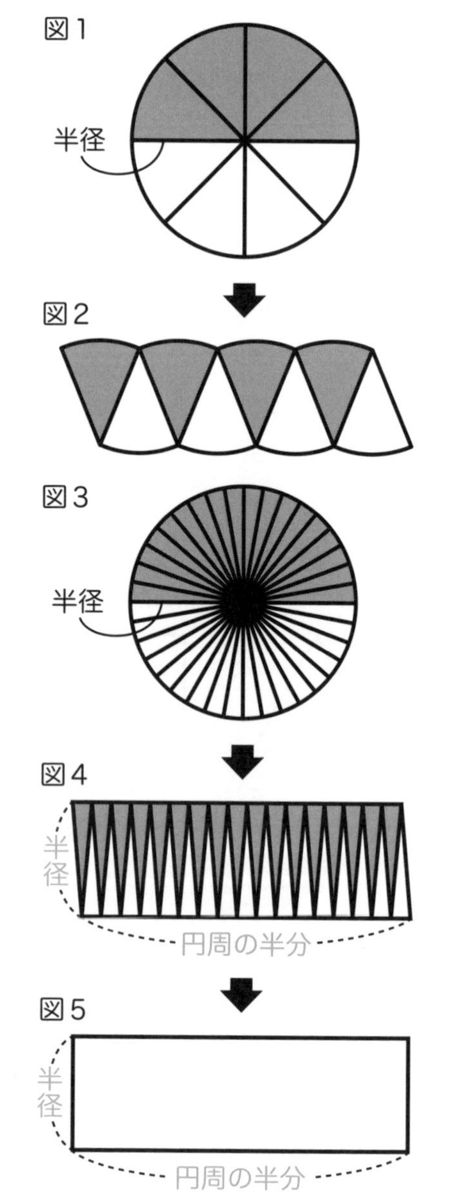

円の面積の公式を覚えている大人の方は多いかもしれません。P.76では，公式の根拠を説明しているので，理解するように促してください。公式は“覚える”ことも“使える”ことも必要ですが，“なぜその公式で計算できるのか”を正しく理解していることが大切です。P.77へ続く。

例題１

右の円の面積は何cm^2ですか。円周率は3.14とします。

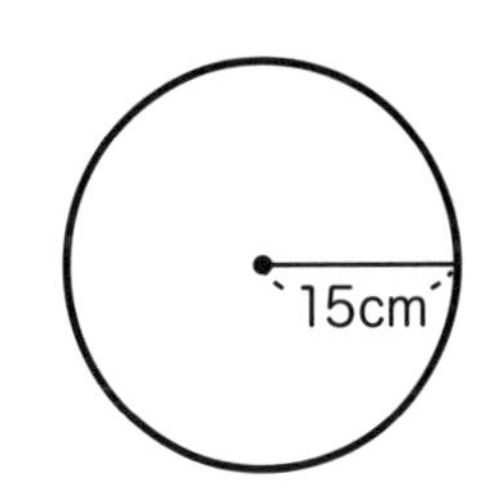

円の面積＝半径×半径×3.14なので，

15×15×3.14＝706.5

（答え）　$706.5cm^2$

例題２

右の半円（円を半分にした形）の面積は何cm^2ですか。円周率は3.14とします。

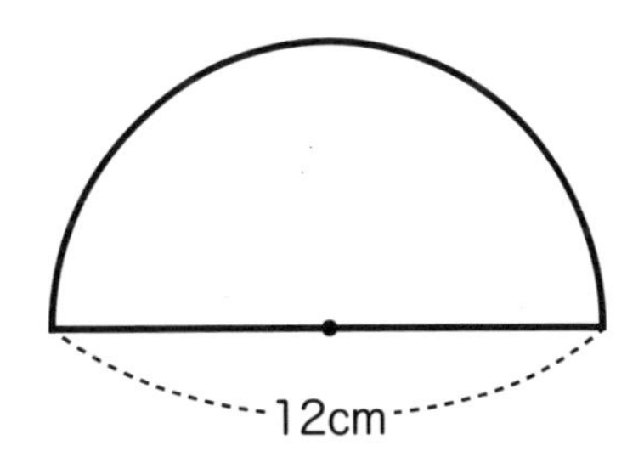

半径は，12÷２＝６なので，

６×６×3.14÷２（２等分）

＝18×3.14

＝56.52

（答え）　$56.52cm^2$

半円は円を半分
にした形だから，
２でわるんだね。

公式を正しく理解していなければ，適当に数字をあてはめたり，思わず公式を使って計算したりと，間違いが生じる原因になります。また，根拠を理解していれば，ふいに公式を忘れても，問題を解くことができます。公式は，あくまでも時間短縮のための道具と捉えましょう。

練習問題 ・● 円の面積 ●・

1 下の円の面積は，それぞれ何cm²ですか。円周率は3.14とします。

（1）

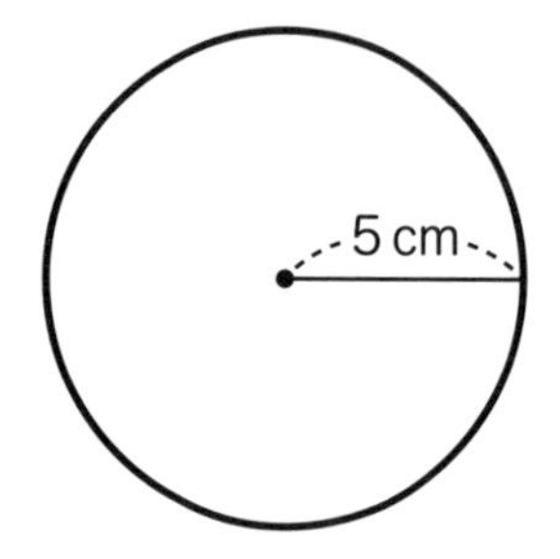

（答え）

（2）

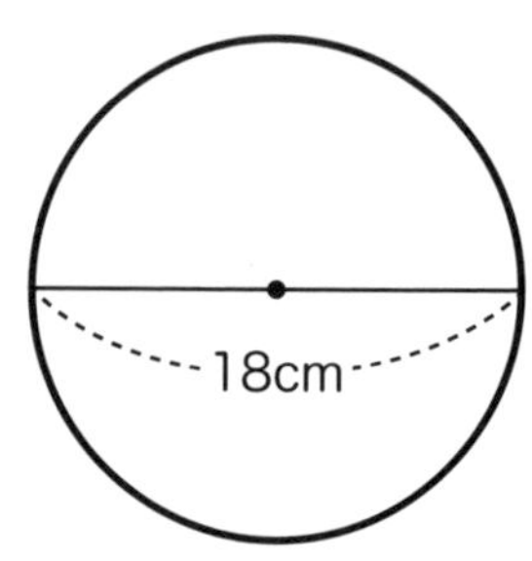

（答え）

2 下の図形の面積は，それぞれ何cm²ですか。円周率は3.14とします。

（1） 半円

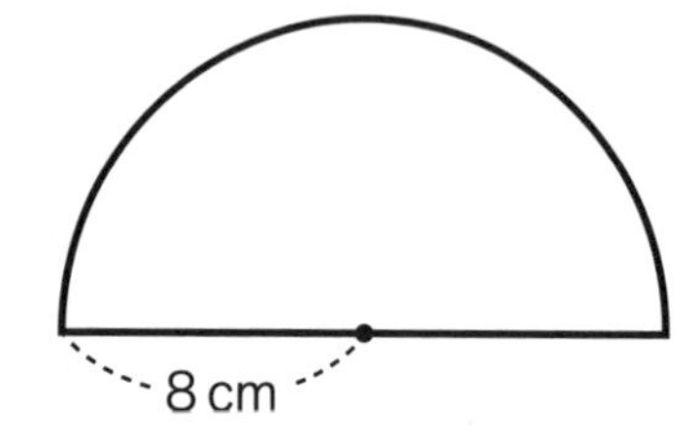

（答え）

（2） 円を４等分した形

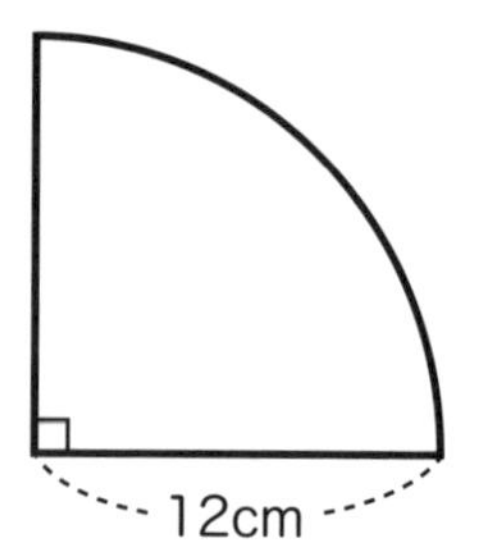

（答え）

おうちの方へ 慌てていると，①（2）で直径のまま計算を始めたり，②で円の面積を$\frac{1}{2}$や$\frac{1}{4}$にし忘れたりすることもあるかもしれません。円周の長さを求めてしまう間違いもあります。文章題では問題文を丁寧に読むこと，図形の問題では図を正確に理解することを習慣づけましょう。

答えは 130 ページ

③　右の図は，長方形の内側(うちがわ)に，４等分した円をかいたものです。色をぬった部分の面積は何cm^2ですか。円周率は3.14とします。

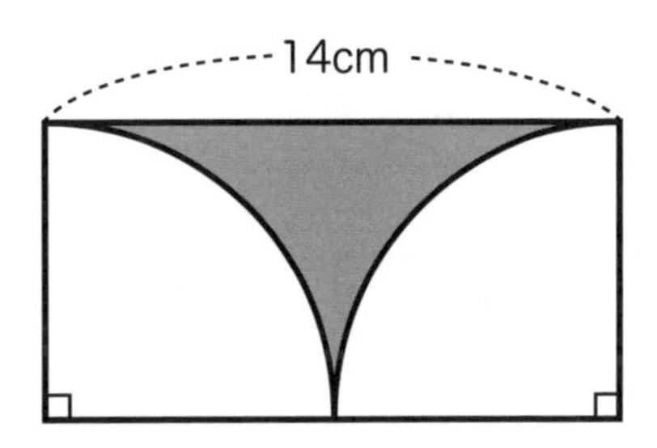

(答え)

④　右の図は，ある島の形を表しています。方眼(ほうがん)の１目もりは100mです。この島の形を，------で表された円とみると，島のおよそ面積は何m^2ですか。円周率は3.14とします。

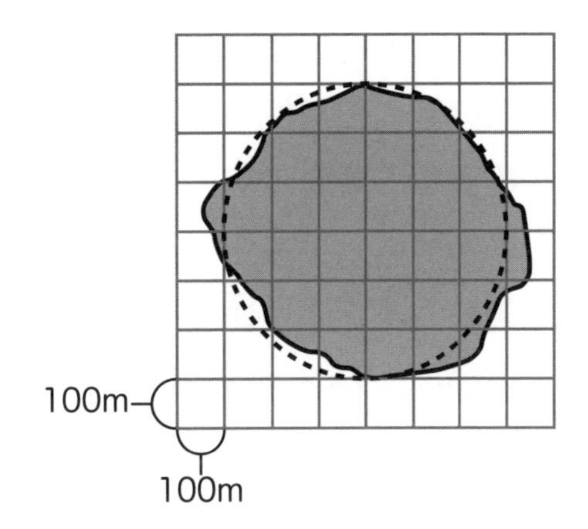

(答え)

おうちの方へ　④は，およその面積の問題です。自然など身の回りのものは，必ずしも三角形や円などといった基本的な図形であるとは限りません。そういったものを三角形などとみなして，およその面積を求める技能も必要とされます。地図などで「この形は何の形に近い？」と話し合ってみましょう。

2-5 角柱と円柱

角柱と円柱

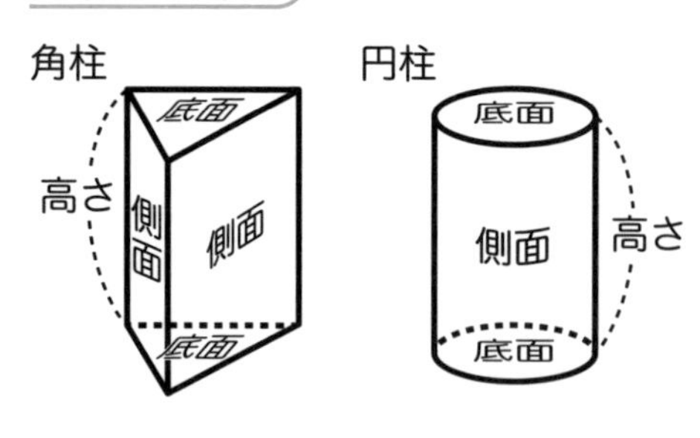

角柱は，合同で平行な２つの多角形と，長方形や正方形で囲まれた立体です。

円柱は，合同で平行な２つの円と，曲面（平らでない面）で囲まれた立体です。

角柱や円柱の高さは，底面に垂直な直線で，２つの底面にはさまれた部分の長さです。

大切 **底面の形で名前が決まる。**

角柱，円柱の体積

角柱，円柱の体積は，底面積×高さで求められます。

右の図の三角柱の底面は，底辺が７cm，高さが４cm の直角三角形です。

6cm
4cm
7cm

底面積は，　7 × 4 ÷ 2 ＝14

角柱の高さは６cmなので，

体積は，14× 6 ＝84で，84cm³です。

右の図の円柱の底面は，半径が４cmの円です。円周率を3.14とすると，

底面積は，　4 × 4 ×3.14＝50.24

円柱の高さは10cmなので，

体積は，50.24×10＝502.4で，502.4cm³です。

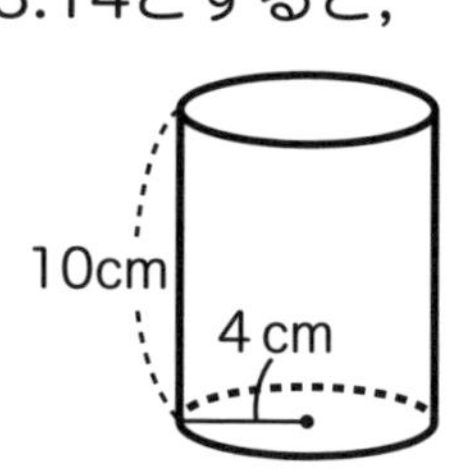

大切 **角柱，円柱の体積＝底面積×高さ。**

ここでは，角柱と円柱の特徴や見取図，展開図，体積の求め方を学習します。５年生と６年生の学習内容が含まれるので，教科書を確認したいときは，両方の学年のものを用意してください。忘れていることがないか復習し，新しい内容もしっかり定着させましょう。

例題１

図１は三角柱の展開図(てんかいず)です。この展開図を組み立てると，図２のようになります。

（１） 辺アコと重なる辺はどれですか。

（２） 点イに集まる点はどれですか。全部答えましょう。

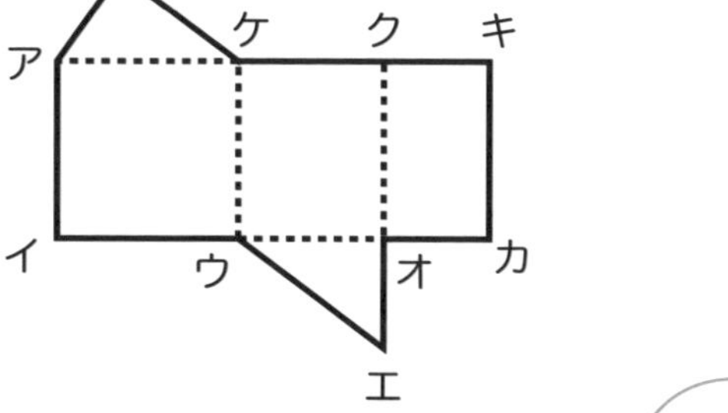

（１） 展開図で考えます。辺コケと重なるのは，辺クケ，辺アコと重なるのは辺キクです。

(答え) 辺キク

（２） 組み立てた図で考えます。点イに集まっているのは，点エと点カです。

(答え) 点エ，点カ

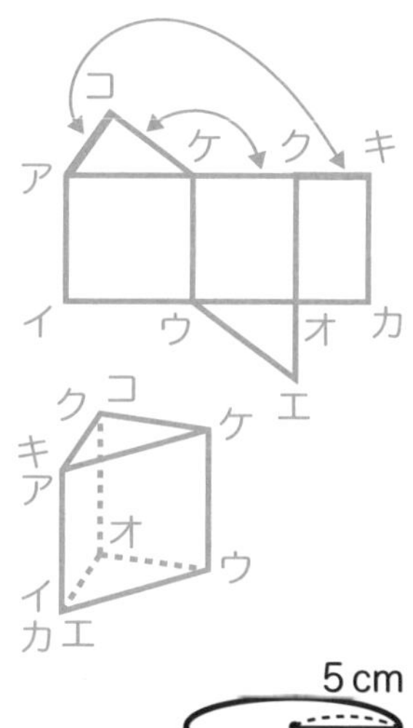

例題２

右の図の円柱の体積は何cm^3ですか。

円柱の体積＝底面積×高さなので，

$5 \times 5 \times 3.14 \times 12$

$= 300 \times 3.14$

$= 942$

(答え) $942cm^3$

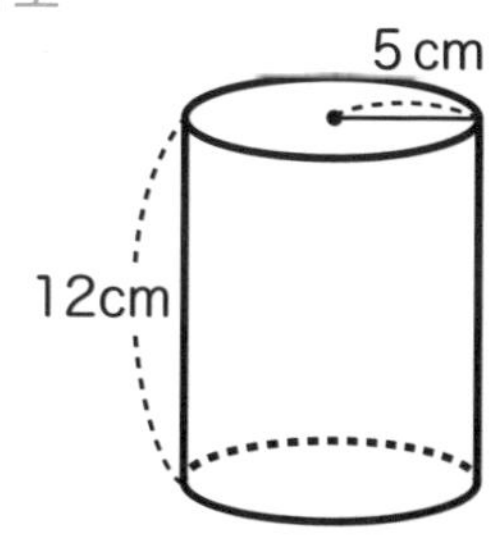

お菓子の箱や，幼児の頃に遊んだ積み木など，角柱や円柱と似た形のものがあれば，それを見ながら学習を進めてみてください。紙に展開図を描いて組み立てることもできます。立体図形の問題は，できるだけ立体を触りながら理解を深めましょう。

練習問題 ●角柱と円柱●

1 下の図は円柱の展開図(てんかいず)と，その展開図を組み立てた円柱の見取図です。㋐，㋑の長さはそれぞれ何cmですか。円周率(えんしゅうりつ)は3.14とします。

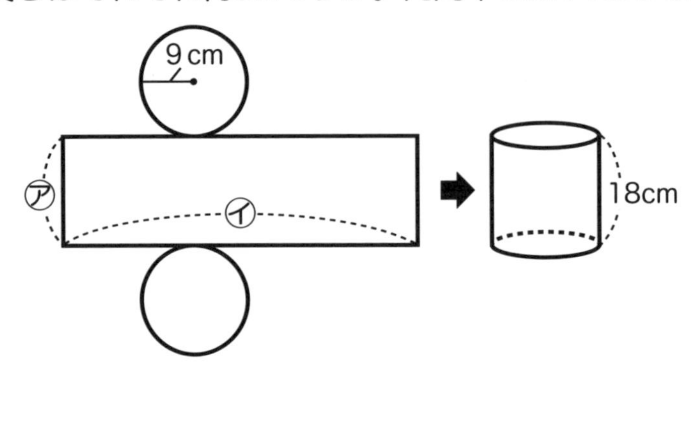

（答え）㋐　　　　　　，㋑

2 次の図の立体角柱の体積(たいせき)は，それぞれ何cm^3ですか。

（1）

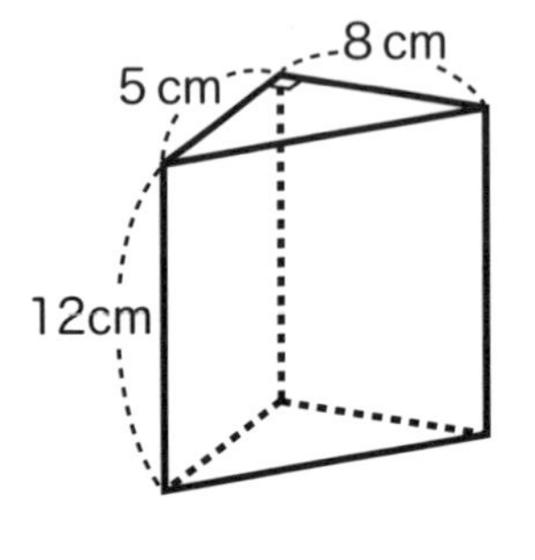

（答え）

（2）五角形ABCDEの面積は112cm^2

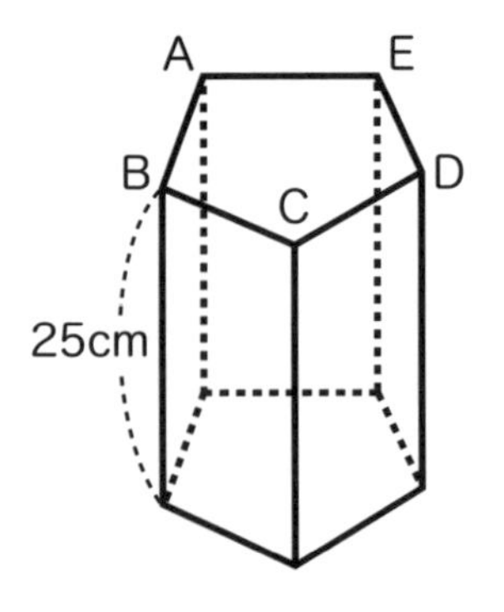

（答え）

①が難しいようなら，図を別の紙に写して切り取り，実際に組み立ててみましょう。慣れるまでは，たくさん作って確認してください。底面の円周の長さと側面の横の長さが等しいことを実感できるはずです。

答えは 131 ページ

3 右の図の円柱の体積は何cm^3ですか。円周率は3.14とします。

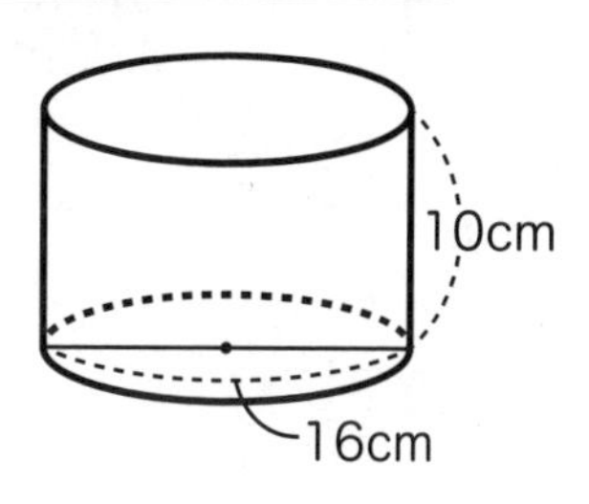

(答え)

4 内側(うちがわ)の長さが，図１，図２のような入れ物があります。図１の入れ物に，深さ12cmまで水が入っています。図１の入れ物に入っている水を，図２の入れ物に全部移(うつ)すと，図２の入れ物の水の深さは何cmになりますか。円周率は3.14とします。

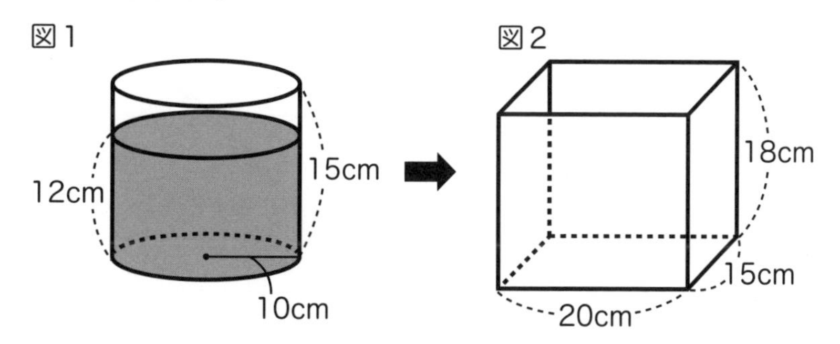

(答え)

角柱，円柱の問題には，②の８cm×12cmの面が下になっているようなものもあります。そういった問題で底面と高さがわからないときは，底面と高さの関係を復習するように促してください。問題の図の面を指さしながら一緒に確認してもよいでしょう。

一筆書き

９つの点を全部通るように，４本の直線で一筆書きしよう。
交差(こうさ)はしてもよいけれど，一度引いた線をなぞってはいけないよ。

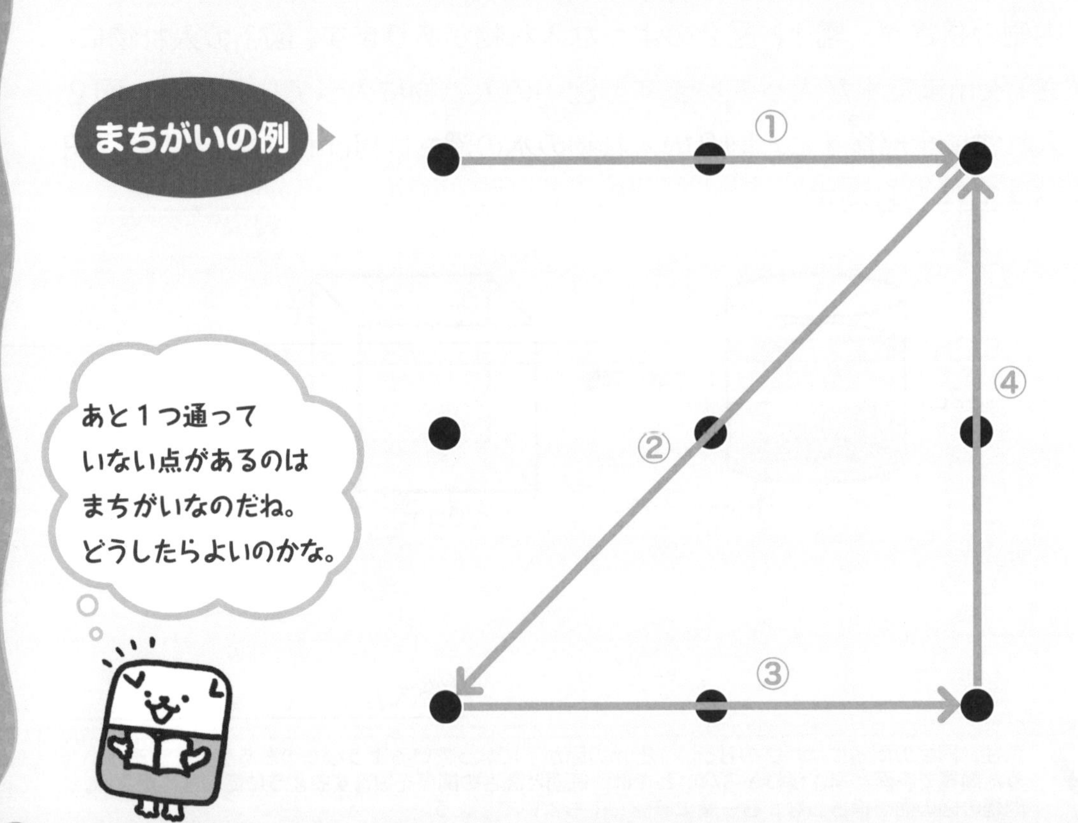

まちがいの例
①
②
③
④
あと１つ通って
いない点があるのは
まちがいなのだね。
どうしたらよいのかな。

ページのわくが
あいているけど
なぜだろう？

答えは 142 ページ

2-6 データの調べ方

データをいくつかの区間に区切って散(ち)らばりのようすを示(しめ)した表を度数分布表(どすうぶんぷひょう)といいます。
データを区切るときの，各(かく)区間を階級，各階級(かいきゅう)に入るデータの個数(こすう)を度数といいます。
右の度数分布表で，「時間（分）」が階級，「人数（人）」が度数です。

ある日の通学時間

時間（分）	人数(人)
0以上 ～ 5未満	1
5 ～ 10	7
10 ～ 15	8
15 ～ 20	6
20 ～ 25	4
25 ～ 30	2
合計	28

平均値(へいきんち)は，各データの値の合計をデータの総数(そうすう)でわった値，中央値(ちゅうおうち)は，データを大きさの順に並(なら)べたときに中央にあるデータの値，最頻値(さいひんち)は，データの中でもっとも多く出てくる値です。

数直線上にデータを示す点を積(つ)み上げたグラフをドットプロットといいます。

ある日の通学時間

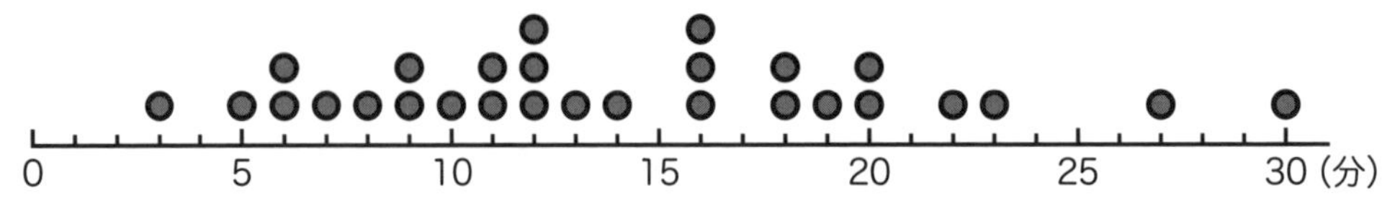

横軸(よこじく)を階級，縦軸(たてじく)を度数として，長方形で示したグラフを柱状(ちゅうじょう)グラフまたは，ヒストグラムといいます。

ある日の通学時間

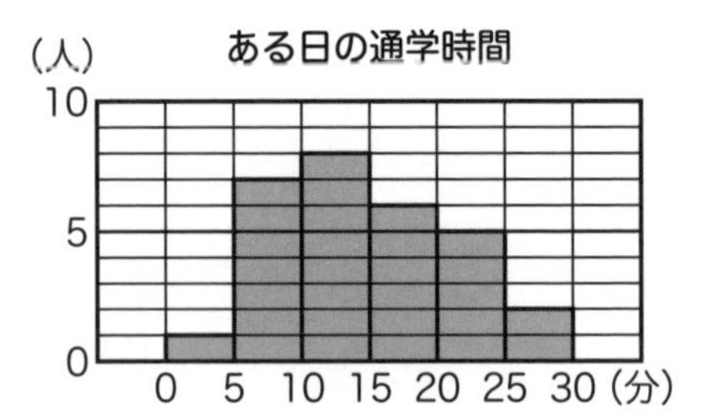

大切 表やグラフに表すと，データの散らばりのようすがわかりやすくなる。

おうちの方へ
6年生でも，新しい表やグラフ，データの特徴を読み取るための指標となる値を学習します。覚える事柄も多いので，整理しながら進めていきましょう。最終的には，作成したグラフから結論を出し，意思決定できるようになる力を養います。P.87へ続く。

例題１

下のドットプロットは，りょうさんのクラスの児童30人が，１学期に図書室で借りた本の冊数をまとめたものです。

借りた本の冊数

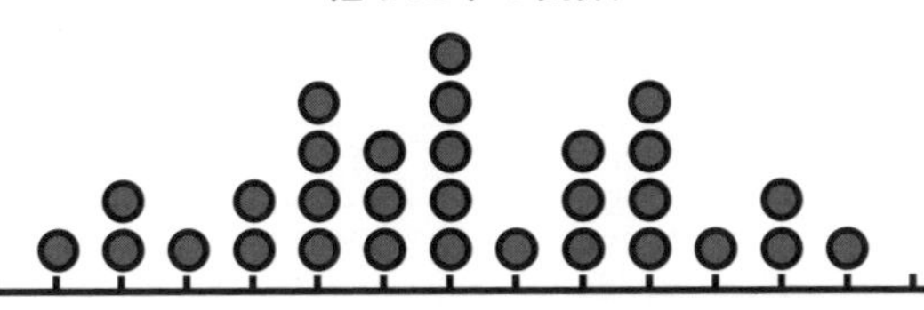

借りた本の冊数

冊数（冊）	人数(人)
0以上 ～ 3未満	
3 ～ 6	
6 ～ 9	
9 ～ 12	
12 ～ 15	
合計	

（１） 借りた本の冊数を，右の度数分布表に整理しましょう。

（２） ９冊以上12冊未満の階級の人数は何人ですか。

（１） 「以上」はその数をふくみ，「未満」はその数をふくまないことに注意して，それぞれの階級に入る●（ドット）の個数を数えます。たとえば３冊以上６冊未満の階級の人数は，●の数が５個なので５人です。

どの階級に何人いるのか数えるんだね。

(答え)

借りた本の冊数

冊数（冊）	人数(人)
0以上 ～ 3未満	1
3 ～ 6	5
6 ～ 9	12
9 ～ 12	8
12 ～ 15	4
合計	30

（２） 表を見ると，「９冊以上12冊未満」の階級の人数は８人です。

(答え) ８人

おうちの方へ さらに，結論の出し方や，その前のグラフの表し方などが適切だったかを，批判的な視点で考察できるようになることを目指します。一朝一夕でできるようになるものではありませんから，１つ１つの問題を解く中で，「この結果から何が読みとれる？」などと問いかけ話し合いましょう。

練習問題 ・●データの調べ方●・

1 右の表は，みちるさんのクラス全員の通学時間を調べてまとめたものです。次の問題に答えましょう。

通学時間

時間（分）	人数(人)
0以上 ～ 5未満	4
5 ～10	8
10 ～15	7
15 ～20	5
20 ～25	2
合計	26

（1） 5分以上(いじょう)10分未満(みまん)の階級の人数は何人ですか。

(答え)＿＿＿＿＿＿＿＿

（2） 中央値(ちゅうおうち)はどの階級に入っていますか。

(答え)＿＿＿＿＿＿＿＿

2 右のドットプロットは，えりこさんのクラスの女子のソフトボール投げの記録(きろく)をまとめたものです。次の問題に答えましょう。

ソフトボール投げの記録

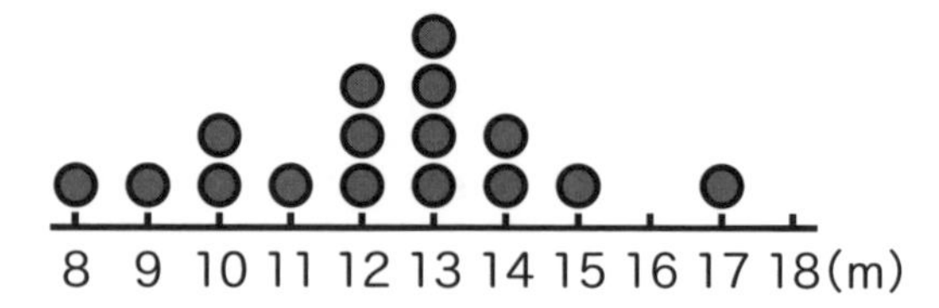

（1） 最頻値(さいひんち)は何mですか。

(答え)＿＿＿＿＿＿＿＿

（2） 中央値は何mですか。

(答え)＿＿＿＿＿＿＿＿

おうちの方へ 中学校でもデータ分析の学習は続きます。１年生では，ヒストグラムや代表値の活用について，さらに理解を深めます。２年生では，さいころの目の出方などの起こりやすさの程度を表す確率などを学び，３年生では，集団の一部をから全体の傾向を読み取る標本調査を学びます。

答えは132ページ

3 右の表は，こうさんのクラスの男子16人について立ちはばとびの記録をまとめたものです。次の問題に答えましょう。

立ちはばとびの記録

きょり（cm）	人数(人)
165以上 ～170未満	2
170 ～175	4
175 ～180	6
180 ～185	3
185 ～190	1
合計	16

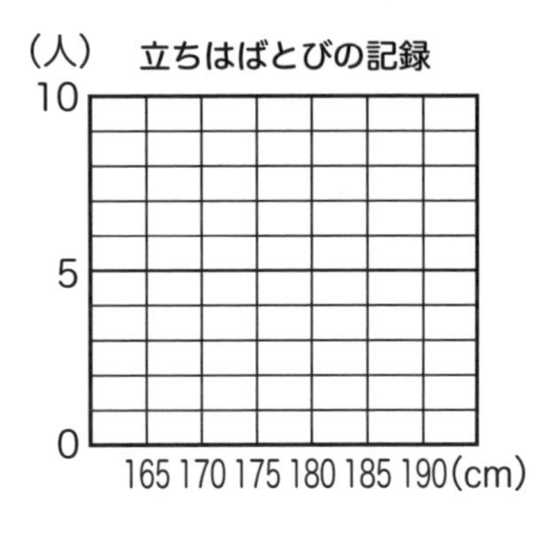

（1） この表を，柱状（ちゅうじょう）グラフに表しましょう。

（2） 180cm以上の人は全体の何％ですか。 （答え）＿＿＿＿＿＿

4 下の柱状グラフは，６年１組20人と２組20人の算数のテストの点数をそれぞれまとめたものです。この柱状グラフからわかることについて，正しいといえるものはどれですか。下の㋐から㋓までの中から１つ選（えら）びましょう。

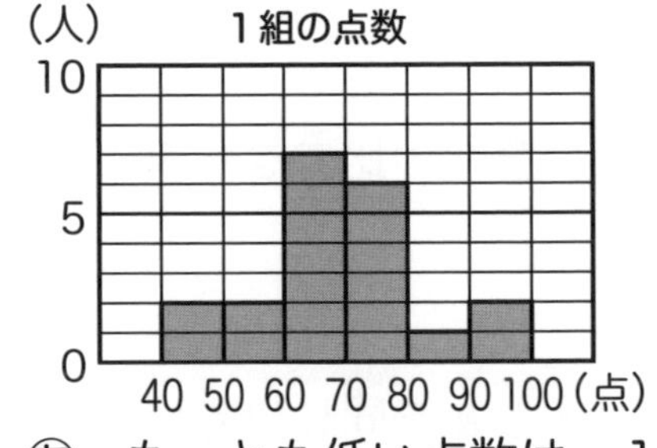

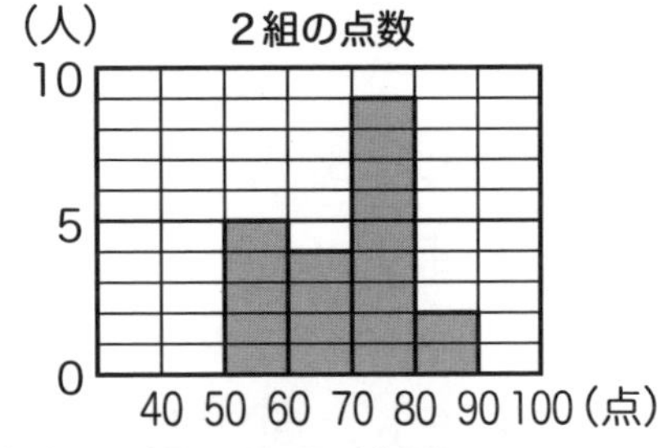

㋐ もっとも低い点数は，１組より２組のほうが低い。

㋑ 点数の中央値が入っている階級は，１組と２組で同じである。

㋒ 80点以上の人数の割合は，１組より２組のほうが低い。

（答え）＿＿＿＿＿＿

おうちの方へ データ分析に密接に関係する職業は数多くあります。わかりやすいものでは，IT技術者やデータアナリストなどが挙げられます。一方で，どのような企業でも，その組織を主導する立場の人には，金銭の収支や働く人のマネジメントなどのためにデータ分析の力が必要になります。

2-7 比とその利用

縦(たて)の長さが5cm，横の長さが6cmの長方形で，縦の長さと横の長さの割合(わりあい)について，5：6と表されたものを比(ひ)といいます。

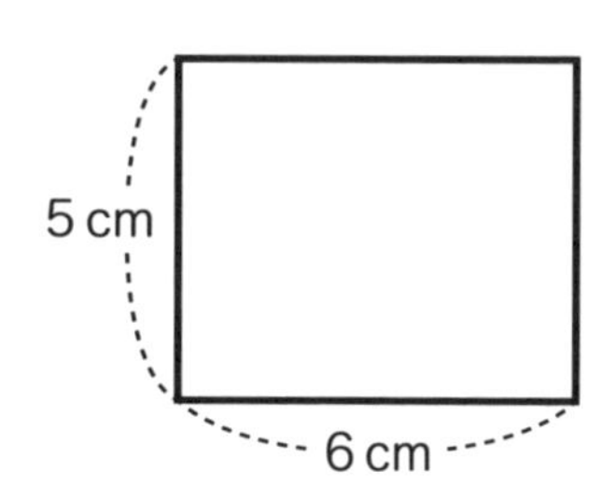

5：6の比で，5を6でわった商$\frac{5}{6}$$\left(5\div6=\frac{5}{6}\right)$を比の値(あたい)といいます。

5：6の比の値は，$5\div6=\frac{5}{6}$で，10：12の比の値は，$10\div12=\frac{10}{12}=\frac{5}{6}$です。

5：6と10：12のように，比の値が等しいとき，それらの比は等しいといい，5：6＝10：12と表します。
10：12の比は，10と12の最大公約数の2でわると5：6となおすことができます。
比を，それと等しい比で，できるだけ小さい整数の比になおすことを，比を簡単にするといいます。

大切　**a：bのaとbに同じ数をかけたり，aとbを同じ数でわったりしてできる比は，すべてa：bに等しい。**

おうちの方へ　比は，2つの数量の大きさを比べて割合を表す場合に，整数などの組を使って表す方法です。この単元の学習内容は，このあとの拡大図と縮図，比例と反比例の単元で必要な知識です。丁寧に学習を進め，確実に定着させておきましょう。

例題１

あかりさんは，コーヒー150mLと牛乳200mLを混ぜて，コーヒー牛乳を作りました。コーヒーと牛乳の量の比を，もっとも簡単な整数の比で表しましょう。

コーヒーと牛乳の量の比は，150：200です。
比を簡単にするには，150と200の最大公約数でわります。
150と200の最大公約数50でわると，
　150：200＝３：４

（答え）　３：４

一度に最大公約数でわらなくても，10や５などの，われる数でわっていくこともできるよ。

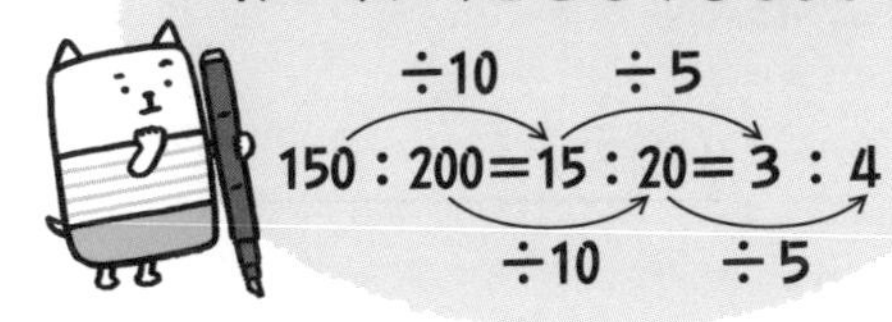

例題２

たくまさんと妹が持っているおはじきの個数の比は９：７で，たくまさんが持っているおはじきは45個です。妹が持っているおはじきは何個ですか。

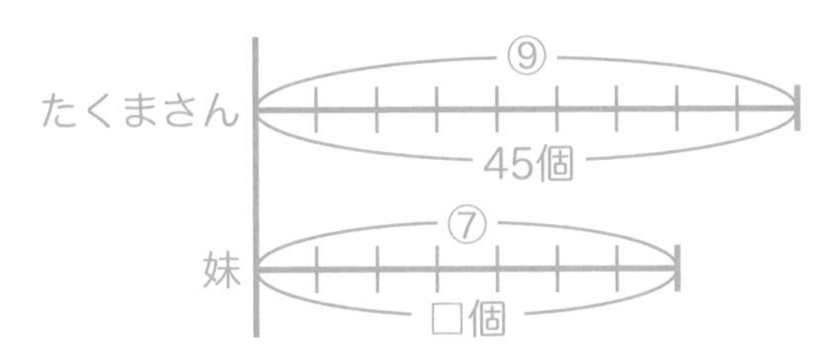

比の値を使って考えることもできるね。

等しい比を使って考えると，９：７＝45：□と表すことができます。
たくまさんの個数は，９×５＝45で５をかけているので，
妹の個数は，
　７×５＝35

（答え）　35個

おうちの方へ　比の問題にはいくつかパターンがあります。例題１のように，２つの数量の比を簡単にするもの，例題２のように，比とどちらか一方の数量が与えられていて，もう一方の数量を求めるもの，P.92②（２）のように，比と全体の数量が与えられていて，一方の数量を求めるものなどです。

練習問題 ・● 比とその利用 ●・

1 次のそれぞれの比を，もっとも簡単な整数の比で表しましょう。

（1） 16：24

(答え)＿＿＿＿＿＿

（2） 0.8：1.28

(答え)＿＿＿＿＿＿

2 次のそれぞれの□にあてはまる数を答えましょう。

（1） 7：4＝□：72

(答え)＿＿＿＿＿＿

（2） 12：8＝27：□

(答え)＿＿＿＿＿＿

3 さくらさんの学校の6年生の人数について，次の問題に答えましょう。

（1） 6年1組で，習い事をしている人と習い事をしていない人の人数の比は8：7で，習い事をしていない人は14人です。習い事をしている人は何人ですか。

(答え)＿＿＿＿＿＿

（2） 6年2組の人数は32人で，メガネをかけていない人とメガネをかけている人の人数の比は3：1です。メガネをかけている人は何人ですか。

(答え)＿＿＿＿＿＿

おうちの方へ P.91で紹介したように，比の問題のパターンはいくつかありますが，特定のパターンが苦手ということがあるかもしれません。その場合は，それだけの練習をすることを考えてもよいでしょう。どのパターンか判断できない場合は，いろいろな問題を練習を促しましょう。

答えは133ページ→

④　さとしさんは2400円，弟は1800円持っています。次の問題に答えましょう。

（1）　さとしさんが持っている金額（きんがく）と弟が持っている金額の比を，もっとも簡単な整数の比で表しましょう。

（答え）＿＿＿＿＿＿＿＿

（2）　さとしさんと弟はお金を出し合って，1200円の本を買います。さとしさんと弟の出す金額の比が５：３になるようにするとき，さとしさんが出す金額は何円ですか。

（答え）＿＿＿＿＿＿＿＿

⑤　すとしょう油の量（りょう）の比が２：３になるように混（ま）ぜてドレッシングを作ります。次の問題に答えましょう。

（1）　すを80mL使うとき，しょう油は何mL使いますか。

（答え）＿＿＿＿＿＿＿＿

（2）　ドレッシングを240mL作るとき，すは何mL使いますか。

（答え）＿＿＿＿＿＿＿＿

④は料理の場面を用いた問題です。料理の合わせ調味料などでは，“○：△：□の比で混ぜる”といった表現を見かけるのではないでしょうか。理解が進まない場合は，P.91の飲み物や③のお金などといった，具体的なものを使ってじっくり学習できるよう支援しましょう。

2-8 拡大図と縮図

拡大図と縮図

もとの図を，形を変えずに大きくした図を拡大図，小さくした図を縮図といいます。

拡大図や縮図は，もとの図と対応する角の大きさがそれぞれ等しく，対応する辺の長さの比がすべて等しくなります。

四角形EFGHは四角形ABCDの２倍の拡大図，四角形ABCDは四角形EFGHの$\frac{1}{2}$の縮図です。

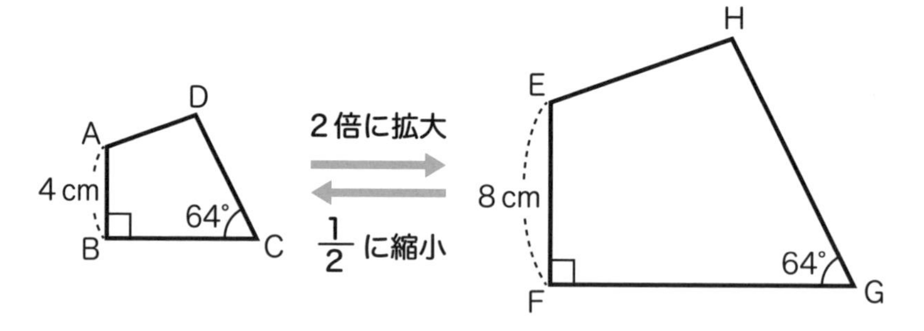

大切　**もとの図に対して，対応する辺の長さを２倍にした図を２倍の拡大図，$\frac{1}{2}$にした図を$\frac{1}{2}$の縮図という。**

縮尺

実際の長さを縮めた割合のことを縮尺といいます。

大切　**実際の長さ20m（＝2000cm）を１cmに縮める場合の縮尺は，「$\frac{1}{2000}$」や「１：2000」と表す。**

この単元では，５年生で学んだ合同な図形の内容をもとに，２つの図形の関係を考えていきます。合同な図形での２つの図形の関係とは，どのような点が違うのか話し合ってみてください。合同な図形について忘れてしまっているようなら，しっかり復習しておきましょう。

例題1

右の図で，三角形DBEは三角形ABCの拡大図です。

（1） 辺BDの長さは何cmですか。

（2） 角Cの大きさは何度ですか。

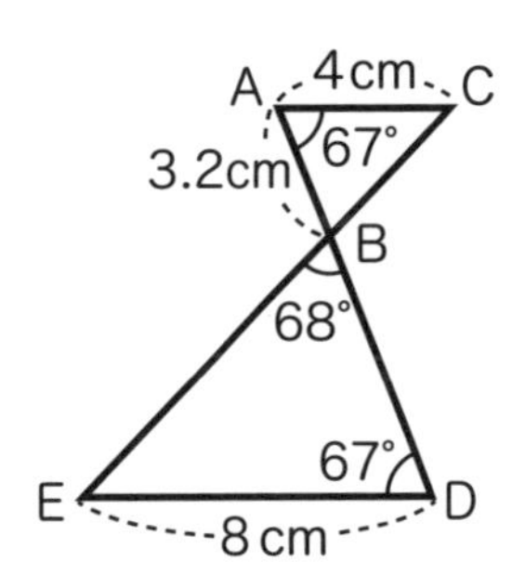

（1） 8÷4＝2より，三角形DBEは三角形ABCの2倍の拡大図です。辺DBの長さは辺ABの長さの2倍なので，

3.2×2＝6.4 （答え） 6.4cm

（2） 角Cに対応する角は角Eなので，角Cの角の大きさと角Eの大きさは等しいです。角Eの大きさは，

180°－(68°＋67°)＝45°なので，角Cの大きさも45°です。

（答え） 45°

対応する辺や角を確かめよう。

例題2

縮尺が$\frac{1}{50000}$の地図があります。次の問題に答えましょう。

（1） 実際に1kmであるきょりは，この地図上では何cmですか。

（2） この地図上で3.8cmのきょりは，実際には何kmですか。

（1） 1km＝1000m＝100000cmなので，

$100000\times\frac{1}{50000}=2$ （答え） 2cm

（2） 3.8×50000＝190000

190000cm＝1900m＝1.9km （答え） 1.9km

1km＝1000m
1m＝100cm
だね。

おうちの方へ 例題2のような縮図の問題は，比を使って計算することもできます。縮尺が$\frac{1}{50000}$より，1：50000＝縮図上の長さ：実際の長さとなります。1km＝100000cmなので，縮図上の長さを□とおくと，1：50000＝□：100000（実際の長さ）となり，□を求めればよいです。

練習問題 ・● 拡大図と縮図 ●・

1 下の図で，㋐の三角形の拡大図（かくだいず），または縮図（しゅくず）を，㋑から㋗までの中から全部選（えら）びましょう。

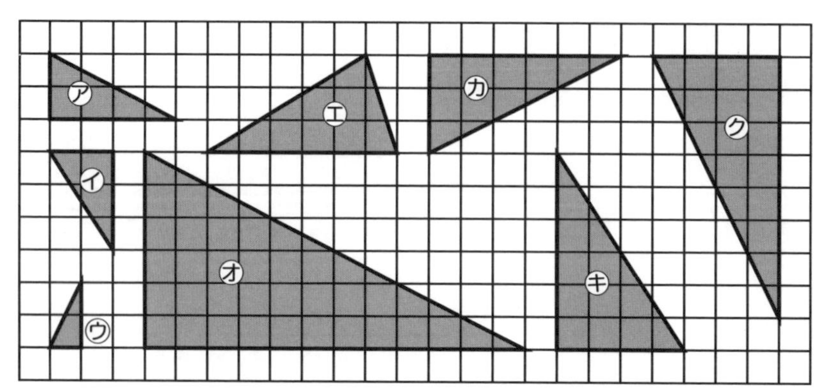

（答え）

2 右の図で，四角形EFGHは四角形ABCDの縮図です。次の問題に答えましょう。

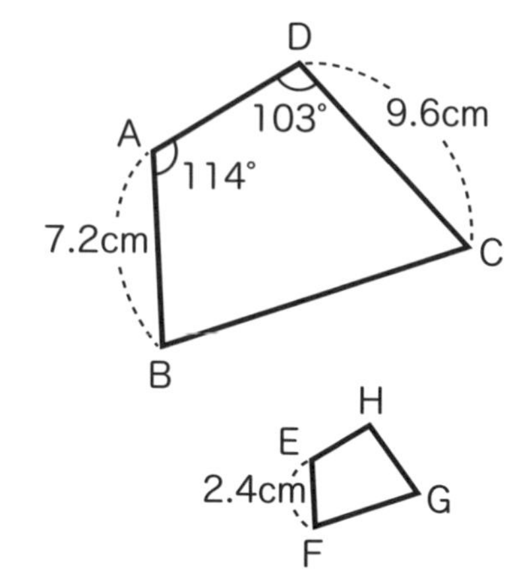

（1） 角Hの大きさは何度ですか。

（答え）

（2） 辺（へん）GHの長さは何cmですか。

（答え）

①は，図形がかかれているマス目を確認しながら，拡大図と縮図を探します。解くときは角が直角かどうか，辺が何マスあるかなどを調べます。答えを出せたら拡大図や縮図といえる理由を説明してもらいましょう。また，何倍の拡大図か，何分の一の縮図かも確認しておきましょう。

答えは 134 ページ

3　右の図は，ひとみさんの学校のしき地を$\frac{1}{2500}$の縮図で表したものです。この縮図上で，運動場は，縦4.8cm，横５cmの長方形で表されています。次の問題に答えましょう。

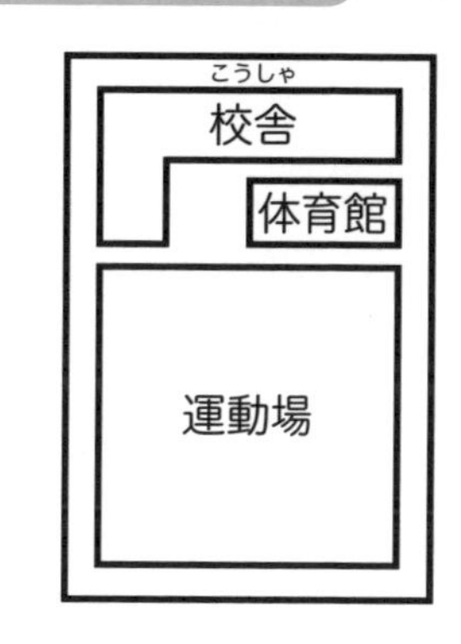

（１）　運動場の実際の縦の長さは何mですか。

(答え)＿＿＿＿＿＿

（２）　体育館の実際の横の長さは40mです。この縮図上では何cmですか。

(答え)＿＿＿＿＿＿

4　右の図のように，校庭の木のかげの長さをはかると２m25cmありました。また，同じ時刻に身長１m40cmのまゆみさんが木の横に立って，まゆみさんのかげの長さをはかると75cmでした。次の問題に答えましょう。

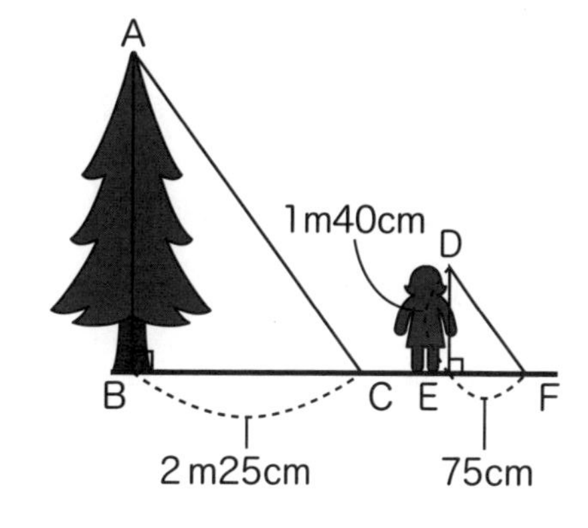

（１）　右の図の三角形ABCは三角形DEFの何倍の拡大図ですか。

(答え)＿＿＿＿＿＿

（２）　木の高さは何m何cmですか。

(答え)＿＿＿＿＿＿

おうちの方へ　拡大図や縮図は，日常生活や社会の中でも活用されています。拡大コピーをしたり，自動車のナビを縮小させたりしたことがあるのではないでしょうか。縮尺も生活の中では欠かせません。一緒に地図を見ながら実際の長さを計算してみるなど，日常とのつながりを意識付けましょう。

2-9 比例と反比例

比例

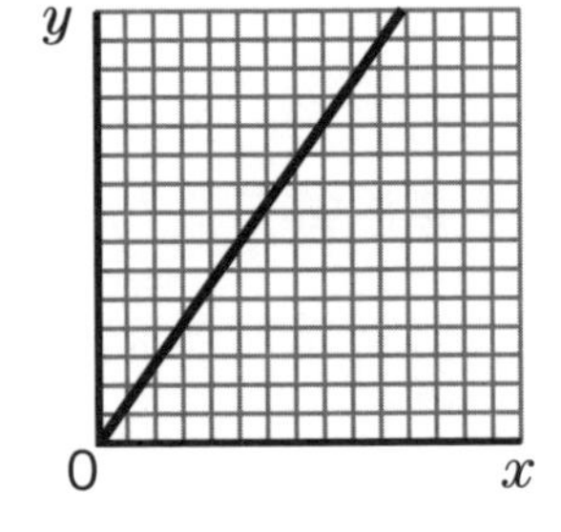

2つの数量 x，y があって，x の値が2倍，3倍，…になると，y の値も2倍，3倍，…になるとき，y は x に比例するといいます。

比例する関係は，$y=$（決まった数）$\times x$ の式で表せます。

比例する関係を表すのグラフは，x も y も0の点を通る直線になります。

大切 **比例する関係では，$y \div x$ の商はいつも一定の値になる。**

反比例

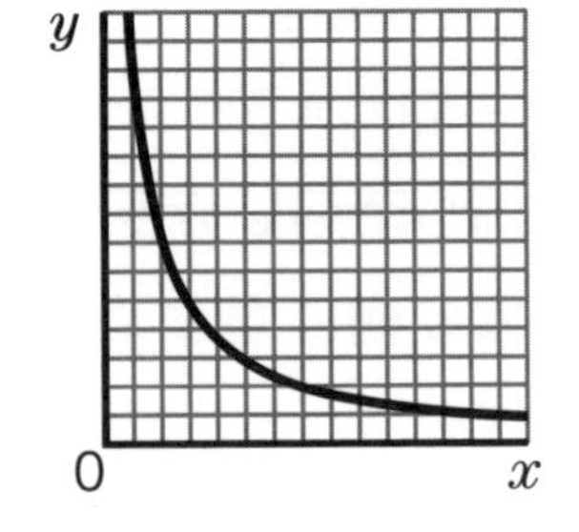

2つの数量 x，y があって，x の値が2倍，3倍，…となると，y の値が $\frac{1}{2}$ 倍，$\frac{1}{3}$ 倍，…となるとき，y は x に反比例するといいます。

反比例する関係は，$y=$（決まった数）$\div x$ の式で表せます。

反比例する関係を表すのグラフは，なめらかな曲線になります。

大切 **反比例する関係では，$x \times y$ の積はいつも一定の値になる。**

おうちの方へ
5年生の変わり方の単元で，簡単な比例の関係を学習します。6年生では，比例と反比例という言葉で変わり方を表し，グラフも学びます。比例と反比例は，中学校でも引き続き“関数”として学習する内容なので，今から丁寧に取り組んでいきましょう。

例題１

下の表は，ある針金（はりがね）の長さを x cm，重さを y gとして，x と y の関係を表したものです。針金の長さが６mのとき，針金の重さは何gですか。

長さ　x（m）	1	2	3	4	…	6
重さ　y（g）	25	50	75	100	…	

x の値が６倍になるので，y の値も６倍になります。

25×６＝150

（答え）　150g

例題２

下の表は，空の水そうに水を入れるときの，１分間に入れる量を x L，いっぱいになるまでの時間を y 分として，x と y の関係を表したものです。

x と y の関係をしっかり考えよう。

水の量　x（L）	1	2	3	4	5	…	10
かかる時間　y（分）	60	30	20	15	12	…	

（１）　１分間に入れる水の量が10Lのとき，いっぱいになるまでの時間は何分ですか。

（２）　x と y の関係を式に表しましょう。

（１）　10÷１＝10より，x の値が10倍になるので，y の値は $\frac{1}{10}$ 倍になります。$60\times\frac{1}{10}=6$

（答え）　６分

（２）　（かかる時間）＝（水そうの容積（ようせき））÷（１分間に入れる量）を式で表します。

（答え）　$y=60\div x$

おうちの方へ　基本的な考え方は，５年生の変わり方での考え方と違いありません。変わり方のときと同様，まずは表に数値を入れて調べます。その中で“こっちが○倍だと，こっちも○倍になっている”“こっちが○倍だと，こっちは $\frac{1}{○}$ 倍になっている”という見方に気づけるように誘導しましょう。

練習問題 比例と反比例

1 下のことがらのうち，y が x に比例(ひれい)するものと反比例(はんぴれい)するものはどれですか。㋐から㋓までの中から，それぞれすべて選(えら)びましょう。

㋐ 1個(こ)70円のけしゴムを x 個買うときの代金 y 円。

㋑ 1人ですると30日かかる仕事を x 人でしたときにかかる日数 y 日。

㋒ さやかさんの年れい x 才とお母さんの年れい y 才。

㋓ 正方形の1辺(ぺん)の長さ x cmとまわりの長さ y cm。

（答え）比例　　　　　　　　　　，反比例

2 下の表は，1本80円のえん筆を x 本買ったときの，代金を y 円として，本数と代金の関係(かんけい)を表したものです。次の問題に答えましょう。

えん筆の本数 x（本）	1	2	3	4	…
代金 y（円）	80	160	240	320	…

（1） x と y の関係を式に表しましょう。

（答え）

（2） えん筆を6本買うとき，代金は何円ですか。

（答え）

（3） 代金が720円のとき，えん筆の本数は何本ですか。

（答え）

①は，5つの場面をすべて式にして考えると，間違いを減らすことができます。式をつくること難しいようなら，表をかくように促してください。「㋐は，1個70円の消しゴムを買うのだから，2個だと何円？」などと，一緒に確認しながら表をかいてみましょう。

答えは136ページ

3 下の表は，あきさんの家から駅まで行くのに，分速 x mで進んだときに，かかる時間を y 分として，x と y の関係を表しています。

分速 x（m）	60	100	120	…
時間 y（分）	20	12	10	…

（1） 分速150mのとき，かかる時間は何分ですか。

（答え）

（2） 下のグラフのうち，x と y の関係を表していると考えられるものはどれですか。㋐，㋑，㋒の中から選びましょう。

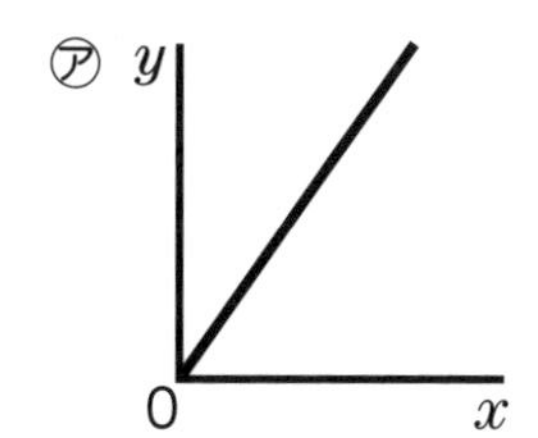

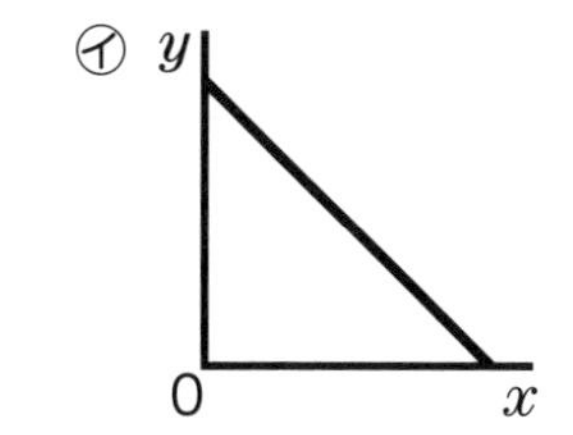

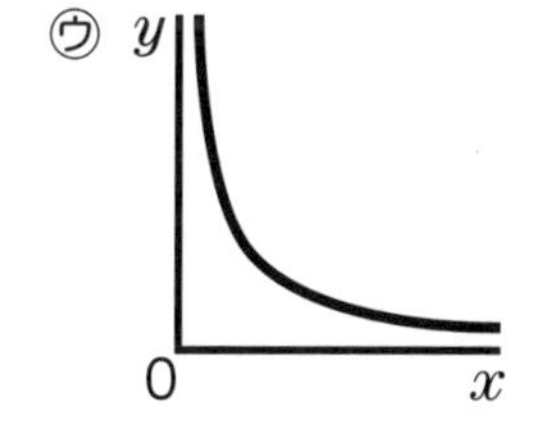

（答え）

4 8Lの油をびんに等分して入れます。びんの本数を x 本としたときの1本分の油の量（りょう）を y Lとするとき，x と y の関係を式で表しましょう。

（答え）

おうちの方へ
③（2）のような，比例と反比例のグラフがわかることも大切な内容の1つです。問題を解く前に，方眼用紙などを使ってグラフをかいてみてください。実感をもって考えることができます。また，練習として，①で比例と反比例として選んだ選択肢のグラフをかいてみましょう。

2－10 並べ方と組み合わせ方

並(なら)べ方

いくつかのものを順番(じゅんばん)を考えて並べることを，並べ方といいます。

Aさん，Bさん，Cさんの３人を１列に並べるとき，並べ方は何通りあるかを考えます。

```
  B―C       A―C       A―B
A<        B<        C<
  C―B       C―A       B―A
```

上の図より，６通りです。

大切　図などをかくと，規則(きそく)正しく並べ方を考えることができる。

組み合わせ方

いくつかのものから順番を考えずにいくつか選(えら)ぶことを，組み合わせ方といいます。

Aさん，Bさん，Cさん，Dさんの４人から，２人の委員を選ぶとき，選び方は何通りあるかを考えます。

A	○	○	○			
B	○			○	○	
C		○		○		○
D			○		○	○

	A	B	C	D
A		○	○	○
B			○	○
C				○
D				

上の表より，６通りです。

大切　表などをかくと，見やすい形で組み合わせ方を考えることができる。

この単元では，ある事柄が起こり得る場合を整理して，並べていくことを目標にしています。起こり得る場合を思いついた順に並べていては，抜けがあったり重なっていたりすることもあります。順番に並べていくよう声をかけましょう。この単元は，中学校の内容にも繋がります。

例題１

[1][2][3]の３枚の数字カードがあります。この３枚の中から２枚を並べて２けたの整数をつくります。できる整数は全部で何通りですか。

２けたの整数なので，「十の位」「一の位」の順に並べます。

並べ方を図に表すと次のようになります。

十の位	一の位	十の位	一の位	十の位	一の位
1	2	2	1	3	1
	3		3		2

上の図より，全部で６通りです。

（答え）６通り

例題２

Ａ，Ｂ，Ｃ，Ｄ，Ｅの５つの野球チームが他の全部のチームと１回ずつ試合をするとき，試合は全部で何試合ですか。

試合をする２チームの組み合わせ方を表で表すと，次のようになります。

	A	B	C	D	E
A		○	○	○	○
B			○	○	○
C				○	○
D					○
E					

AとBを選ぶのと，BとAを選ぶのは同じ組み合わせだね。

上の表より，○の数が10なので，試合の数は全部で10です。

（答え）10試合

おうちの方へ

例題１の解説にある図は，樹形図といい，起こり得る場合を整理する図としてよく使われています。言葉としては中学校２年生でも学ぶので，いま覚える必要はありません。この図を正しくかくと，落ちも重なりもなく場合を調べることができるので，使えるように練習しましょう。

練習問題 ・● 並べ方と組み合わせ方 ●・

① さきさん，みくさん，かなさん，ゆいさんの４人はリレーの選手(せんしゅ)です。４人がリレーで走る順番(じゅんばん)は全部で何通りありますか。

（答え）＿＿＿＿＿＿＿＿

② 右の図のような，３つの部分に分かれた旗(はた)に赤，青，黄，緑の４色から３色を選(えら)んで色をぬります。色のぬり方は全部で何通りありますか。

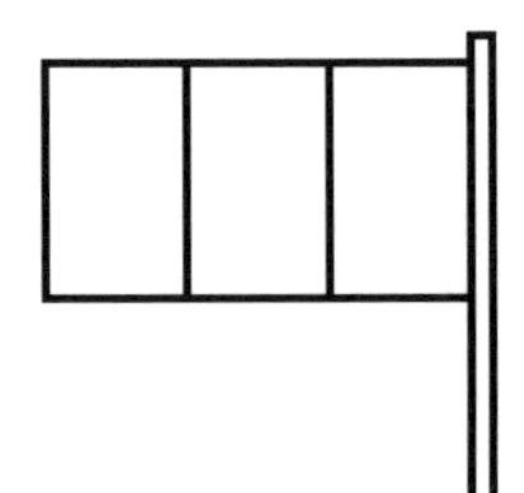

（答え）＿＿＿＿＿＿＿＿

③ １円玉１枚(まい)を続(つづ)けて３回投げます。表と裏(うら)の出方は，全部で何通りありますか。

（答え）＿＿＿＿＿＿＿＿

②は４色から3色を選ぶ問題ですが，これも樹形図をかいて整理します。難しいようなら「まずは左側を赤にする場合を考えよう」と声をかけてください。３色より多く考えてしまう場合は，塗る部分に番号やアルファベットを振るように声をかけましょう。

答えは137ページ

④　10円玉，50円玉，100円玉，500円玉が１枚ずつあります。４枚の中から３枚選ぶとき，選び方は全部で何通りありますか。

（答え）

⑤　りくさん，ちかさん，ひろさん，みきさん，まみさんの５人の中からそうじ当番を２人選びます。選び方は全部で何通りありますか。

（答え）

⑥　下の表は，ある店のランチセットです。食事(しょくじ)は４種類(しゅるい)，サイドメニューは2種類，飲み物は３種類から１つずつ選べます。ランチセットの組み合わせは，全部で何通りありますか。

ランチセット

食事	サイドメニュー	飲み物
カレーライス ナポリタン オムライス ハンバーグ	サラダ スープ	りんごジュース コーヒー 紅茶(こうちゃ)

（答え）

④のように，学校でも日常生活でも，何人かあるいは何個かの中から選ぶ状況は多々あると思います。たとえば，買い物の中では「売っているリンゴは５種類だね。２種類買ってみようか。買い方は何通りある？」などと，聞いてみてください。身近に感じる題材で練習しましょう。

切り絵

正方形の折り紙を４つに折って，小さな正方形にしたよ。
はさみを使って線にそって切ると，開いたときの折り紙はどんな形になっているかな。あからえまでの中から１つ選ぼう。

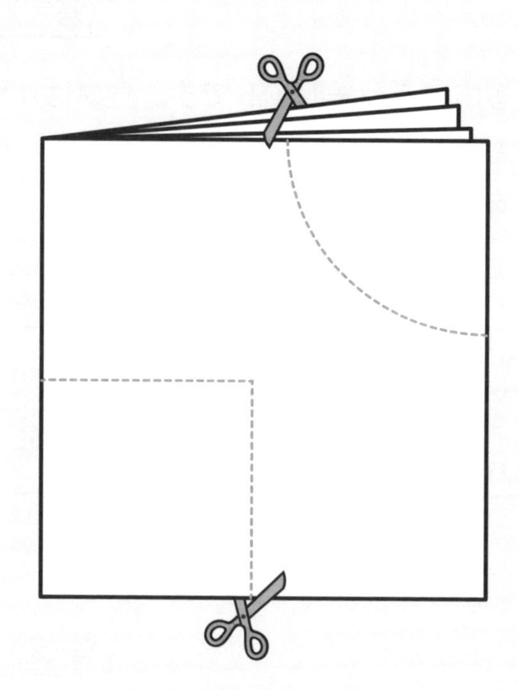

あ

い

う

え

答え ▶ ______________________

答えは 143 ページ

1 下の図のように，黒い石●を並(なら)べていきます。次の問題に答えましょう。

（1） 5番めの形をつくるとき，黒い石は全部で何個(こ)使いますか。

(答え)＿＿＿＿＿＿＿＿

（2） 黒い石を60個使う形は何番めですか。

(答え)＿＿＿＿＿＿＿＿

2　みさきさん，あゆみさん，はるなさん，なぎささん，ひとみさんの５人が50m競走(きょうそう)をしました。競走の結果(けっか)について，５人が下のように話しています。次の問題に答えましょう。

みさきさん　「１位(い)になれなくて残念(ざんねん)だったよ。」
あゆみさん　「とちゅうで転んでしまったので，私は５位だったけれど，私(わたし)より前に同時にゴールした人がいるのが見えたよ。」
はるなさん　「私はゴール直前でなぎささんをぬくことができたよ。」
なぎささん　「私の順位(じゅんい)は偶数(ぐうすう)番めだったよ。」
ひとみさん　「はるなさんより早くゴールすることができたよ。」

（1）　１位になった人はだれですか。

(答え)＿＿＿＿＿＿＿＿

（2）　同時にゴールした人はだれとだれですか。

(答え)＿＿＿＿＿＿＿＿

答えは 139 ページ

解答・解説

1-1 小数のかけ算とわり算

P14，15

解答

1 （1）36.34　（2）9.666
（3）8　（4）0.3854

2 （1）3.75　（2）2.65

3 （1）77.76g
（2）12.5m

4 （1）12.16m
（2）９本できて0.2mあまる

解説

1

（1）

```
     7.9  …1けた
   × 4.6  …1けた
   -----
    474
   316
   -----
   36.34  …2けた
```

（答え）　36.34

（2）

```
    5.37  …2けた
  ×  1.8  …1けた
  ------
   4296
   537
  ------
   9.666  …3けた
```

（答え）　9.666

（3）

```
      32
  × 0.25  …2けた
  ------
     160
     64
  ------
    8.00  …2けた
```

（答え）　8

（4）

```
     0.47  …2けた
   × 0.82  …2けた
   ------
       94
     376
   ------
   0.3854  …4けた
```

↑ 一の位に0を書く

（答え）　0.3854

2

（1）

```
         3.75
     ---------
 2.6 ) 9 7.5
       7 8
       -----
       1 9 5
       1 8 2
       -----
         1 3 0  ← 0をつけたして、わり算を続ける
         1 3 0
         -----
             0
```

（答え）　3.75

（2）

```
           2.6 4 5 (→5)
     -----------
 4.8 ) 1 2 7
         9 6
       -----
         3 1 0  ←
         2 8 8
         -----
           2 2 0  ← 0をつけたし わり算を続け
           1 9 2
           -----
             2 8 0  ←
             2 4 0
             -----
               4 0
```

（答え）　2.65

3

（1） 1mの長さの針金（はりがね）の重さの10.8倍にあたるので，

7.2×10.8＝77.76

```
      7.2 …1けた
  × 1 0.8 …1けた
    5 7 6
  7 2
  7 7.7 6 …2けた
```

（答え） 77.76g

（2） 1mあたりの重さは7.2gなので，

90÷7.2＝12.5

```
          1 2.5
7.2 ) 9 0.0
      7 2
      1 8 0
      1 4 4
        3 6 0
        3 6 0
            0
```

0をつけたして，わり算を続ける

（答え） 12.5m

4

（1） 青いリボンの長さ＝赤いリボンの長さ×0.95なので，

12.8×0.95＝12.16

```
      1 2.8 …1けた
  ×   0.9 5 …2けた
      6 4 0
  1 1 5 2
  1 2.1 6 0 …3けた
```

（答え） 12.16m

（2） 本数は整数なので，商を一の位まで求（もと）めて，あまりを出します。

12.8÷1.4＝9あまり0.2

```
          9
1.4 ) 1 2.8
      1 2 6
        0.2
```

（答え） 9本できて0.2mあまる

1-2 体積

P18，19

解答

1（1）729cm³ （2）480cm³
2 110cm³
3（1）42000000 （2）78
4（1）90000cm³ （2）35cm

解説

1

（1） 立方体の体積（たいせき）＝1辺（ぺん）×1辺×1辺なので，

9×9×9＝729

（答え） 729cm³

（2） 直方体の体積＝縦（たて）×横×高さなので，

5×12×8＝480

（答え） 480cm³

❷

下の図のように，２つの直方体に切り分けて考えます。

2 × 8 × 5 + 3 × 2 × 5 = 110

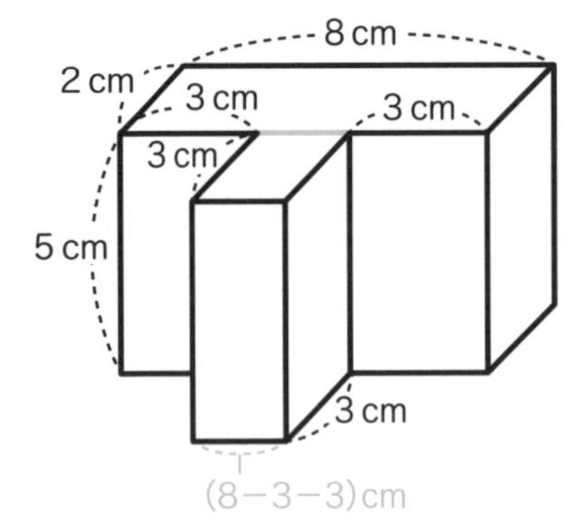

（答え）　110cm³

❸

（1）　1 m³＝1000000cm³なので，
42m³＝42000000cm³

（答え）　42000000

（2）　1L＝1000cm³なので，
78000cm³＝78L

（答え）　78

❹

（1）　容積＝縦×横×高さなので，
40×45×50＝90000

（答え）　90000cm³

（2）　容器Aに入っていた水の体積は，
60×60×60＝216000なので，
216000cm³です。このうち，
90000cm³が容器Bに移ったので，
容器Aに残っている水の体積は，
216000−90000＝126000より，
126000cm³です。残った水の深さを
□cmとすると，
60×60×□＝126000　と表すことができます。
126000÷60÷60＝35

（答え）　35cm

1－3

合同な図形と角

P22，2

解答

❶ お

❷（１）頂点E　（２）13cm
（３）75°

❸（１）64°　（２）55°
（３）152°　（４）52°

❹ 720°

解説

❶

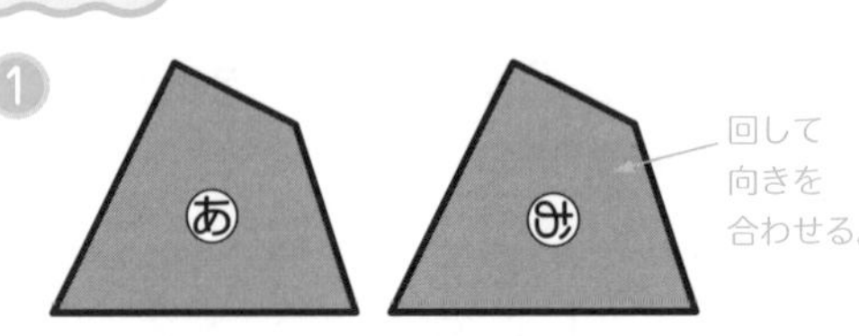

あをぴったり重ねることができるは，おです。

（答え）　お

❷

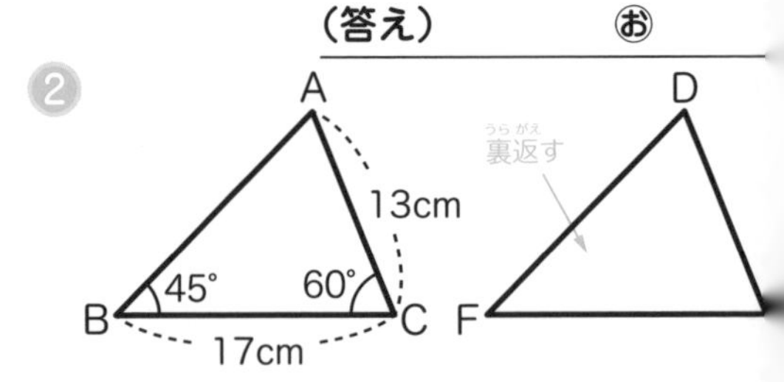

（１）　頂点Aと頂点D，頂点Bと頂点F，頂点Cと頂点Eがそれぞれ対応(たいおう)しています。

（答え）　頂点E

（２）　辺(へん)DEは辺ACと対応しているので，辺ACと長さが等しくなっています。

（答え）　13cm

（３）　角Dは角Aと対応しています。
角Aの大きさは，
180°－(45°+60°)＝75°

（答え）　75°

３

（１）　二等辺三角形の残りの角の大きさは，㋐の角の大きさと等しいので，
(180°－52°)÷２＝64°

（答え）　64°

（２）　四角形の４つの角の和は360°なので，下の図の㋕の角の大きさは，
360°－(65°+78°+72°)＝145°です。
㋖の角の大きさは
180°－145°=35°
なので，
180°－(90°＋35°)
＝55°

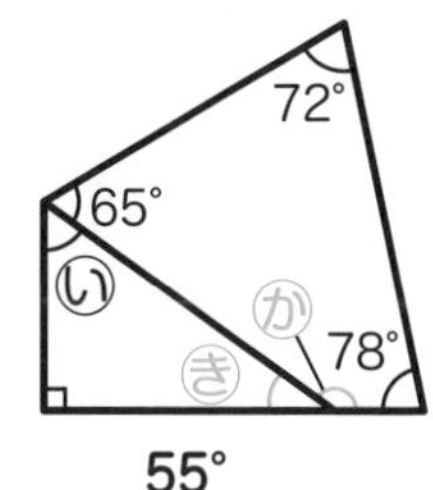

（答え）　55°

（３）　㋗の角の大きさは，

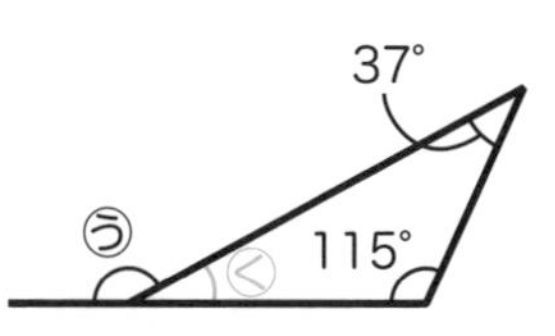

180°－(37°＋115°)＝28°
一直線の角は180°なので，
180°－28°＝152°

（答え）　152°

（４）　ひし形の向かい合う角の大きさは等しいので，128°の角の向かい合う角の大きさも128°です。
(360°－128°－128°)÷2＝52°

（答え）　52°

４

六角形は対角線によって，４つの三角形に分けられるので，６つの角の大きさの和は，三角形の角の和４つ分になります。

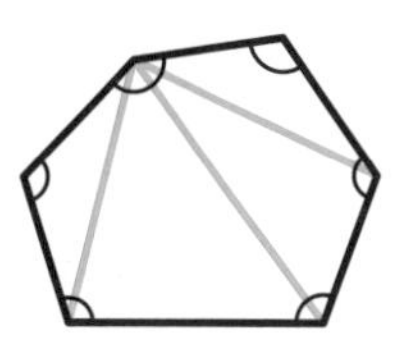

180°×４＝720°

（答え）　720°

1－4 整数

P26，27

解答

１（１）偶数(ぐうすう)　34，108，222，
奇数(きすう)　57，1003，4681
（２）40個(こ)

２（１）5431　（２）1024

３（１）５個　（２）12

４（１）９時40分
（２）15人

解説

1

（1） 偶数は2の倍数で，一の位の数が，0，2，4，6，8の数です。奇数は2の倍数より1大きい数で，一の位の数が，1，3，5，7，9の数です。

（答え）偶数 34，108，222，

奇数 57，1003，4681

（2） 偶数と奇数は1つおきにあるので，80個の数のうち，半分は偶数になります。

80÷2＝40

（答え） 40個

2

（1） 数が大きい順に左から並べます。一の位の数は奇数になるようにします。

5 4 3 1

5：もっとも大きい数
4：残った5枚のうち，もっとも大きい数
3：残った4枚のうち，もっとも大きい数
1：残った3枚のうち，奇数であるもの

（答え） 5431

（2） 数が小さい順に左から並べます。千の位の数には0を使えません。一の位の数は偶数になるようにします。

1 0 2 4

1：0以外のもっとも小さい数
0：残った5枚のうち，もっとも小さい数
2：残った4枚のうち，もっとも小さい数
4：残った3枚のうち，偶数であるもの

（答え） 1024

3

（1） 6と9の最小公倍数は18です。
倍数は，18，36，54，72，90，108，
なので，1から100までの整数の
に18の倍数は，5個あります。

（答え） 5個

（2） 24の約数は，①，②，③，④，⑥，8
⑫，24。60の約数は，①，②，③，④
5，⑥，10，⑫，15，20，30，60。
84の約数は，①，②，③，④，⑥，7
⑫，14，21，28，42，84。

（答え） 12

4

（1） 8と10の最小公倍数は40なので
次に電車が同時に出発するのは，
時の40分後です。

8の倍数 8，16，24，32，㊵，…
10の倍数 10，20，30，㊵，…

（答え） 9時40分

（2） 75の約数は，①，③，⑤，⑮，25，7
135の約数は，①，③，⑤，9，⑮，2
45，135。色紙と画用紙を同じ数
つあまりなく配ることができる人
は75と155の公約数です。できる
け多くの子どもに配るので，最大

約数の15が子どもの人数になります。

（答え）　15人

1-5 分数のたし算とひき算

P30，31

解答

1 （1） $\frac{9}{25}$　（2） $\frac{5}{8}<0.63$

2 （1） $\frac{23}{36}$　（2） $4\frac{1}{6}\left(\frac{25}{6}\right)$

3 （1） $\frac{1}{14}$　（2） $2\frac{11}{24}\left(\frac{59}{24}\right)$

4 （1） $4\frac{1}{6}\left(\frac{25}{6}\right)$km（2） $\frac{5}{6}$km

5 （1） $2\frac{2}{15}\left(\frac{32}{15}\right)$kg（2） $3\frac{37}{60}\left(\frac{217}{60}\right)$kg

解説

1

（1）　$0.36=\frac{36}{100}=\frac{9}{25}$

約分する

（答え）　$\frac{9}{25}$

（2）　分数を小数に直してから大きさを比(くら)べます。$\frac{5}{8}=5\div8=0.625$なので，$\frac{5}{8}<0.63$　です。

（答え）　$\frac{5}{8}<0.63$

2

分母を通分して計算します。

（1）　$\frac{2}{9}+\frac{5}{12}=\frac{8}{36}+\frac{15}{36}$

9と12の最小公倍数は36

$=\frac{23}{36}$

（答え）　$\frac{23}{36}$

（2）　$1\frac{9}{10}+2\frac{4}{15}=1\frac{27}{30}+2\frac{8}{30}$

10と15の最小公倍数は30

$=3\frac{35}{30}$

$=4\frac{5}{30}$　←約分する

$=4\frac{1}{6}$

（答え）　$4\frac{1}{6}\left(\frac{25}{6}\right)$

3

分母を通分して計算します。

（1）　$\frac{1}{2}-\frac{3}{7}=\frac{7}{14}-\frac{6}{14}$

2と7の最小公倍数は14

$=\frac{1}{14}$

（答え）　$\frac{1}{14}$

（2）　$4\frac{1}{12}-1\frac{5}{8}=4\frac{2}{24}-1\frac{15}{24}$

12と8の最小公倍数は24

$=3\frac{26}{24}-1\frac{15}{24}$

$=2\frac{11}{24}$

（答え）　$2\frac{11}{24}\left(\frac{59}{24}\right)$

4

（1） 家から公園までの道のりは $1\frac{2}{3}$km，公園から駅までの道のりは $2\frac{1}{2}$kmなので，たし算で求(もと)めます。

3と2の最小公倍数は6です。

$$1\frac{2}{3}+2\frac{1}{2}=1\frac{4}{6}+2\frac{3}{6}$$
$$=3\frac{7}{6}$$
$$=4\frac{1}{6}$$

（答え） $4\frac{1}{6}\left(\frac{25}{6}\right)$km

（2）
$$2\frac{1}{2}-1\frac{2}{3}=2\frac{3}{6}-1\frac{4}{6}$$
$$=1\frac{9}{6}-1\frac{4}{6}$$
$$=\frac{5}{6}$$

（答え） $\frac{5}{6}$km

5

（1）

$$1\frac{3}{10}+\frac{5}{6}=1\frac{9}{30}+\frac{25}{30}$$
$$=1\frac{34}{30}$$
$$=1\frac{17}{15}$$
$$=2\frac{2}{15}$$

10と6の最小公倍数は30

← 約分する

（答え） $2\frac{2}{15}\left(\frac{32}{15}\right)$kg

（2）

$$5\frac{3}{4}-2\frac{2}{15}=5\frac{45}{60}-2\frac{8}{60}$$
$$=3\frac{37}{60}$$

4と15の最小公倍数は45

（答え） $3\frac{37}{60}\left(\frac{217}{60}\right)$kg

1-6 平均

P36，3

解答

1 24本

2 （1）15m　（2）17m

3 （1）0.64m　（2）128m

4 89点

解説

1

平均(へいきん)は，合計÷個数(こすう)で求めます。

(25+24+21+25+26+24+23)÷7
=24

（答え） 24本

2

（1） 平均は，合計÷個数で求めます。

(16+13+14+15+17+15)÷6
=15

（答え） 15m

（2） 平均×個数=合計です。ゆうきんの記録の合計は，14.5×6=8… で，87mです。5回めまでの記録(きろく)… 合計からひくと，6回めの記録が… められます。

87−(16+18+10+11+15)=1…

（答え） 17m

❸

（1） まず30歩のきょりの平均を求めます。19mの部分は同じなので，cmの単位の平均を求めると，
(14+23+８)÷３＝15より，30歩のきょりの平均は，
19m15cm＝19.15cmです。よって，歩はば（1歩のきょり）は，
19.15÷30＝0.638…なので，四捨五入して小数第２位までの概数にすると，およそ0.64mです。

（答え）　0.64m

（2） およそ0.64mの歩はばで200歩歩くので，
0.64×200＝128

（答え）　128m

❹

５回のテストの点数の平均が80点以上になるためには，５回分のテストの点数の合計が，80×５＝400より，少なくとも400点にならなければいけません。５回めのテストでとればよい点数は，
400－(78+74+83+76)＝89より，89点となります。

（答え）　89点

1-7 単位量あたりの大きさ

P40，41

解答

❶ A市　1748人，B市　7018人，
C市　12187人，
人口密度がもっとも多い市　C市

❷（1）金が8.8g重い
（2）386g

❸（1）1200　（2）180
（3）50

❹（1）150km
（2）午後５時20分

解説

❶

人口密度＝人口÷面積なので，
A市：1960000÷1121＝1748.4…
小数第１位を四捨五入すると，
約1748人です。
B市：2295000÷327＝7018.3…
小数第1位を四捨五入すると，
約7018人です。
C市：2742000÷225＝12186.6…
小数第１位を四捨五入すると，
約12187人です。

人口密度がもっとも多いのはC市です。

（答え）A市 1748人，B市 7018人，
C市 12187人，
人口密度がもっとも多い市 C市

2

（1）　金と銀の１cm³あたりの重さを求めます。

金　965÷50＝19.3

銀　525÷50＝10.5

19.3−10.5＝8.8　なので，金のほうが１cm³あたり8.8g重いです。

（答え）　金が8.8g重い

（2）　金は１cm³あたり19.3gなので，

19.3×20＝386

（答え）　386g

3

（1）　１km＝1000mなので，時速72kmは，時速72000mです。１時間＝60分です。時速72000mで１分間に進む道のりは，72000÷60＝1200より，1200mなので，分速で表すと，分速1200mです。　**（答え）　1200**

（2）　１分＝60秒です。秒速３mで１分間に進む道のりは，３×60＝180より，180mなので，分速で表すと，分速180mです。　**（答え）　180**

（3）　１km＝1000mなので，時速180kmは，時速180000mです。１時間＝60分，１分＝60秒なので，60×60＝3600より，１時間＝3600秒です。時速180000mで１秒間に進む道のりは，180000÷3600＝50より，50mなので，秒速で表すと，秒速50mです。　**（答え）　50**

4

（1）　２時間30分＝$2\frac{30}{60}$＝$2\frac{1}{2}$時間で

す。道のり＝速さ×時間なので，

$60\times 2\frac{1}{2}=60\times\frac{5}{2}$

＝150　**（答え）　150km**

（2）　道のり÷速さ＝時間なので，

$200\div 60=\frac{200}{60}=3\frac{1}{3}$

$\frac{1}{3}$時間＝$60\times\frac{1}{3}$＝20分なので，A

駅からB駅まで３時間20分かかります。午後２時の３時間20分後は，午後５時20分です。

（答え）午後５時20分

1−8 割合

P44，45

解答

1（1）0.6　（2）90

（3）800

2（1）162人　（2）５割（わり）３分

3 42kg

4（1）34%　（2）3618円

解説

1

（1）　割合＝比（くら）べる量（りょう）÷もとにする量なので，

300÷500＝0.6　**（答え）　0.6**

（2） 比べる量＝もとにする量×割合です。2割は0.2なので，

450×0.2＝90　**（答え）　90**

（3） もとにする量＝比べる量÷割合です。65%は0.65なので，

520÷0.65＝800　**（答え）　800**

②

（1） 比べる量＝もとにする量×割合です。18%は0.18なので，

900×0.18＝162　**（答え）　162人**

（2） 割合＝比べる量÷もとにする量なので，

477÷900＝0.53

0.53は5割3分です。

（答え）　5割3分

③

もとにする量＝比べる量÷割合です。15%は0.15なので，

6.3÷0.15＝42　**（答え）　42kg**

④

（1） 値段（ねだん）－仕入れ額（がく）＝利益額（りえき）なので，4020－3000＝1020で，利益額は1020円です。

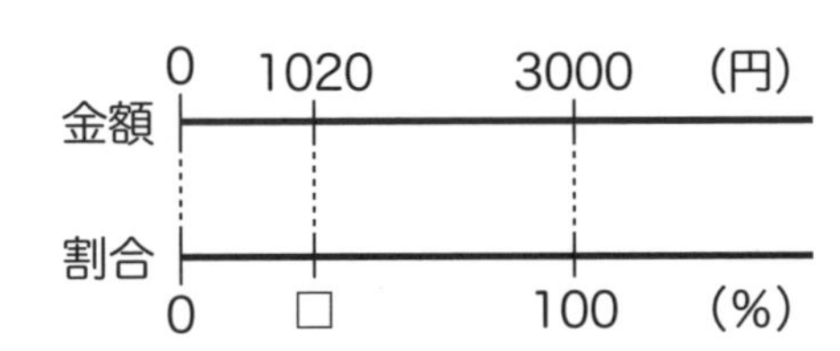

割合＝比べる量÷もとにする量なので，

1020÷3000＝0.34

0.34は34%です。

［別（べつ）の解（と）き方］

仕入れ額をもとにする量とすると，仕入れ額に対する値段の割合は，

4020÷3000＝1.34

利益額の割合は，値段の割合から仕入れ額の割合をひけばよいので，

1.34－1＝0.34

0.34は34%です。

（答え）　34%

（2）

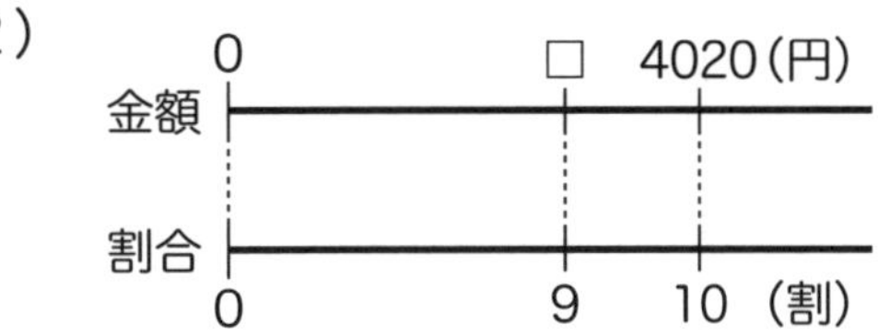

比べる量＝もとにする量×割合です。9割は0.9なので，

4020×0.9＝3618

（答え）　3618円

1－9 割合のグラフ

P48，49

解答

① （1）20%　（2）2倍

② 153人

③ （1）3.75倍　（2）㋑

解説

1

（1） たんぱく質は，目もりの77%から97%までなので，

97−77=20 **（答え） 20%**

（2） 水分の割合は52%，脂質の割合は25%なので，52÷25=2.08より，およそ2倍です。 **（答え） 2倍**

2

とうもろこしが好きな人の割合は18%です。比べる量＝もとにする量×割合です。18%は0.18なので，

850×0.18=153 **（答え） 153人**

3

（1） 6時より前に起きる人の割合は，1年生は15%，6年生は4%なので，15÷4=3.75より，1年生は6年生の3.75倍です。 **（答え） 3.75倍**

（2）㋐ 1年生でもっとも割合が多いのは，6時から6時30分までに起きる人です。6年生でもっとも割合が多いのは，7時から7時30分までに起きる人です。正しくありません。

㋑ 7時から7時30分までに起きる人の割合は，1年生は16%，6年生は42%なので，42÷16=2.625です。正しいです。

㋒ 1年生で6時30分から7時までに起きる人の割合は30%です。16÷30=0.53…なので，7
から7時30分までに起きる人
割合の半分より多いです。正
くありません。

㋓ 1年生で6時30分から7時ま
に起きる人の割合と，6年生
6時30分から7時までに起き
人の割合は，どちらも34%で
しいですが，もとにする数で
る人数がわからないので，人
が同じかどうかわかりません
正しくありません。

（答え） ㋑

1−10 四角形と三角形の面積

P52，5

解答

1 （1）$180cm^2$ （2）$30cm^2$
（3）$80cm^2$ （4）$27cm^2$

2 （1）$25cm^2$ （2）$48cm^2$

3 $49cm^2$

解説

1

（1） 平行四辺形の面積＝底辺×高さ
ので，

12×15=180 **（答え） $180cm^2$**

（2） 三角形の面積＝底辺×高さ÷2
ので，

12×5÷2=30 **（答え） $30cm$**

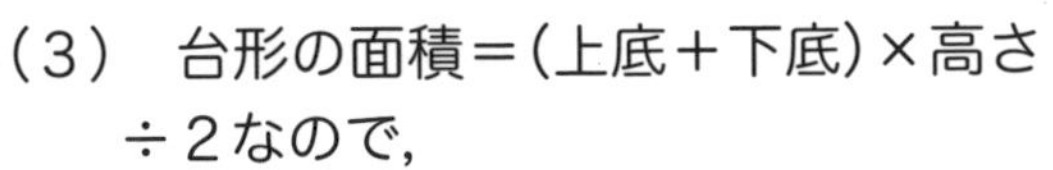

（3）　台形の面積＝(上底＋下底)×高さ÷２なので,

(13+7)×８÷２＝80

（答え）　80cm^2

（4）　ひし形の面積＝対角線×対角線÷２なので,　９×６÷２＝27

（答え）　27cm^2

2

（1）

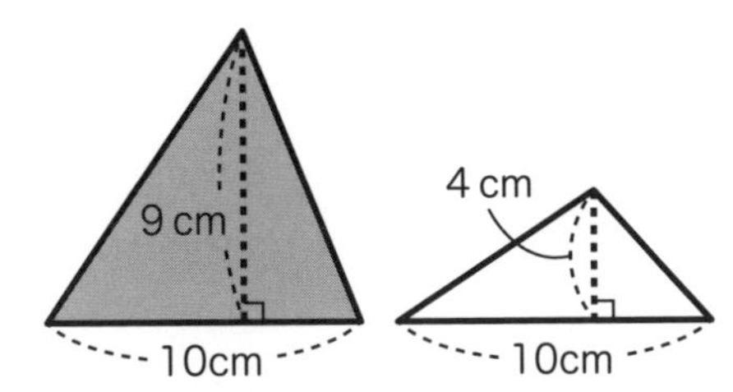

大きい三角形の面積から小さい三角形の面積をひけばよいです。

10×９÷２－10×４÷２＝25

（答え）　25cm^2

（2）

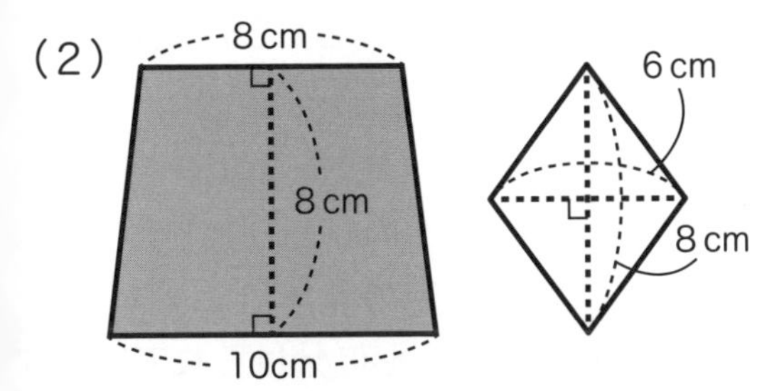

台形の面積からひし形の面積をひけばよいです。

(8+10)×８÷２－６×８÷２＝48

（答え）　48cm^2

3

大きい三角形と台形と小さい三角形の面積を合わせればよいです。

９×４÷２+(9+7)×３÷２+７×２÷２

＝49　（答え）　49cm^2

1－11 変わり方

P56，57

解答

1（１）64　（２）○×８＝△

2（１）28　（２）△×４＝□

（３）36cm

3（１）1120　（２）○×140＝□

（３）９冊(さつ)

4（１）㋒

（２）９×○＝□

解説

1

（1）　８Lの水を８分間入れたときの水のかさなので,

８×８＝64　（答え）　64

（2）　表から，水の量は，いつも時間を８倍した数になっているので,

○×８＝△

（答え）　○×８＝△

2

（1）　１辺の長さが７cmの正方形のまわりの長さなので,

７×４＝28

（答え）　28

（2） 表から，正方形のまわりの長さは，いつも１辺の長さを４倍した数になっているので，

△×４＝□

（答え） △×４＝□

（3） △×４＝□の△に９をあてはめると，９×４＝□で，□＝36です。

（答え） 36cm

❸

（1） 140gのノート８冊分の重さなので，

140×８＝1120

（答え） 1120

（2） 表から，重さは，いつも冊数を140倍した数になっているので，

○×140＝□

（答え） ○×140＝□

（3） ○×140＝□の□に1260をあてはめると，○×140＝1260で，○＝９です。

（答え） ９冊

❹

（1）「500」はクッキー１ふくろの値段で，「150」は箱の値段です。「500×○＋150」は，500円のふくろが○ふくろの値段に，150円の箱の値段を加えているので，代金の合計です。よって，△は代金の合計です。

（答え） ㋒

（2） クッキーのふくろの数と，クッキーの枚数を表にまとめます。

ふくろの数○（ふくろ）	1	2	3
枚数　□（枚）	9	18	27

表から，枚数はいつもふくろの数を９倍した数になっているので，

○×９＝□

（答え） ○×９＝□

1－12

正多角形と円

P60，61

解答

❶（1）㋐ 60°，㋑ 120°

（2）24cm

❷（1）47.1cm （2）25.12cm

❸（1）28.26cm （2）50.24cm

❹（1）42.84cm （2）25.12cm

解説

❶

正六角形は円の直径によって，６つの合同な正三角形に分けられています。正三角形の辺はすべて等しいので，正六角形の１辺の長さは，円の半径に等しいです。

(1)　㋐の角の大きさは，360°を6等分しているので，

360°÷6＝60°

㋑の角の大きさは，正三角形の角2つ分なので，

60°×2＝120°

（答え）㋐　60°，㋑　120°

(2)　まわりの長さは，

4×6＝24

（答え）　24cm

2

(1)　円周の長さ＝直径×円周率なので，

15×3.14＝47.1

（答え）　47.1cm

(2)　直径は半径の2倍なので，

4×2×3.14＝25.12

（答え）　25.12cm

3

(1)　9×3.14＝28.26

（答え）　28.26cm

(2)　8×2×3.14＝50.24

（答え）　50.24cm

4

(1)

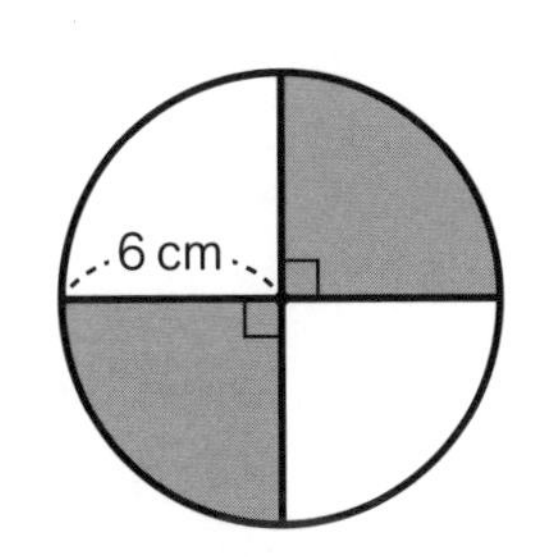

半径が6cmの円の直径は6×2＝12で12cmです。

直径12cmの円の円周の4等分の長さ2つ分と直径12cmの2つ分の和になるので，

12×3.14÷4×2＋12×2

＝12×3.14×2＋24

＝18.84＋24

＝42.84

（答え）　42.84cm

(2)

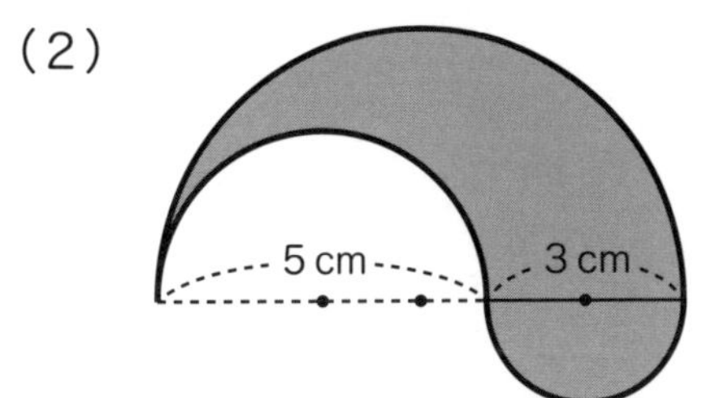

直径が8cmの円周の長さの半分と，直径が5cmの円周の半分と，直径が3cmの円周の半分の和になります。

8×3.14÷2＋5×3.14÷2＋3×3.14÷2

＝25.12

（答え）　25.12cm

2-1 文字と式

P66，67

解答

1 （1） $x+1.5$　（2） 2.3kg

2 （1） $75\times x$　（2） 4本

3 （1） $x\times 3.14=y$　（2） 15.7cm

4 ㋑

解説

1

（1）　言葉の式で表すと，
(本の重さ)＋(箱の重さ)＝(箱全体の重さ）となります。

本の重さは x，箱の重さは1.5なので，あてはめると，x を使った文字の式は，$x+1.5$です。

（答え）　$x+1.5$

（2）　x は本の重さなので，$x+1.5$の式の x に0.8をあてはめます。

0.8＋1.5＝2.3

（答え）　2.3kg

2

（1）　言葉の式で表すと，
(えん筆１本の値段)×(買う本数)＝(代金)となります。

えん筆１本の値段は75，買う本数は x なので，あてはめると，x を使った文字の式は，$75\times x$ です。

（答え）　$75\times x$

（2）　代金を表す式 $75\times x$ の式の x に
1，2，3，4，5，…と数をあてはめ
ていきます。

75×１＝75，75×２＝150，
75×３＝225，75×４＝300，
75×５＝375，…となります。

代金が300円になるときのえん筆
の本数は４本です。

（答え）　４本

3

（1）　(直径)×3.14＝(円周の長さ)とな
ります。

直径に x，円周の長さに y をあて
はめると，$x\times 3.14=y$です。

（答え）　$x\times 3.14=y$

（2）　x＝５なので，$x\times 3.14=y$ の x に
５をあてはめます。

５×3.14＝15.7

（答え）　15.7cm

4

場面ごとに，x と y の関係を式に表
します。

㋐　言葉の式は，（１ふくろに入って
いるビー玉の個数)×(ふくろの数
＝(全部のビー玉の個数)です。

１ふくろに入っているビー玉の個
数は36，ふくろの数は x，全部のビ
ー玉の個数は y なので，あてはめる
と，$36\times x=y$ です。

㋑　言葉の式は，（消しゴムの値段）
(えん筆の値段)＝(代金)です。

消しゴムの値段は36，えん筆の

段は x，代金は y なので，あてはめると，$36+x=y$ です。

㋒　言葉の式は，（はじめの折(お)り紙の枚数(まいすう)）－（使った折り紙の枚数）＝（残(のこ)りの折り紙の枚数）です。

　はじめの折り紙の枚数は36，使った折り紙の枚数は x，残りの折り紙の枚数は y なので，あてはめると，$36-x=y$ です。

（答え）　㋑

2-2 分数のかけ算とわり算

P70，71

解答

1 （1）$\frac{8}{9}$　（2）$\frac{8}{15}$

（3）$\frac{5}{16}$　（4）4

（5）$1\frac{1}{3}\left(\frac{4}{3}\right)$　（6）5

2 （1）$1\frac{3}{7}\left(\frac{10}{7}\right)$m　（2）$1\frac{2}{5}\left(\frac{7}{5}\right)$倍

3 （1）$5\frac{3}{5}\left(\frac{28}{5}\right)\text{m}^2$　（2）$\frac{4}{5}$kg

解説

1

　約分(やくぶん)を忘(わす)れないように注意しましょう。

（1）　$\frac{2}{9}\times 4=\frac{2\times 4}{9}=\frac{8}{9}$

（答え）　$\frac{8}{9}$

（2）　$\frac{16}{5}\div 6=\frac{\overset{8}{\cancel{16}}}{5\times\underset{3}{\cancel{6}}}=\frac{8}{15}$

（答え）　$\frac{8}{15}$

（3）　$\frac{5}{6}\times\frac{3}{8}=\frac{5\times\overset{1}{\cancel{3}}}{\underset{2}{\cancel{6}}\times 8}=\frac{5}{16}$

（答え）　$\frac{5}{16}$

（4）　$\frac{6}{7}\div\frac{3}{14}=\frac{6}{7}\times\frac{14}{3}=\frac{\overset{2}{\cancel{6}}\times\overset{2}{\cancel{14}}}{\underset{1}{\cancel{7}}\times\underset{1}{\cancel{3}}}=\frac{4}{1}=4$

（答え）　4

（5）　$\frac{3}{4}\times\frac{16}{9}=\frac{\overset{1}{\cancel{3}}\times\overset{4}{\cancel{16}}}{\underset{1}{\cancel{4}}\times\underset{3}{\cancel{9}}}=\frac{4}{3}=1\frac{1}{3}$

（答え）　$1\frac{1}{3}\left(\frac{4}{3}\right)$

（6）　$3\frac{1}{2}\div\frac{7}{10}=\frac{7}{2}\div\frac{7}{10}=\frac{7}{2}\times\frac{10}{7}$

$=\frac{\overset{1}{\cancel{7}}\times\overset{5}{\cancel{10}}}{\underset{1}{\cancel{2}}\times\underset{1}{\cancel{7}}}=\frac{5}{1}=5$

（答え）　5

2

（1）　青いリボンの長さをもとにする量として，赤いリボンの長さはその$\frac{5}{6}$倍なので，かけ算で求めます。

$1\frac{5}{7}\times\frac{5}{6}=\frac{\overset{2}{\cancel{12}}\times 5}{7\times\underset{1}{\cancel{6}}}=\frac{10}{7}=1\frac{3}{7}$

（答え）　$1\frac{3}{7}\left(\frac{10}{7}\right)$m

（2）　赤いリボンの長さをもとにする量，白いリボンの長さを比べる量として，何倍かを求めるので，わり算で求めます。

$2\frac{2}{5} \div 1\frac{5}{7} = \frac{12}{5} \div \frac{12}{7} = \frac{\overset{1}{\cancel{12}} \times 7}{5 \times \underset{1}{\cancel{12}}}$

$= \frac{7}{5} = 1\frac{2}{5}$

（答え）　$1\frac{2}{5}\left(\frac{7}{5}\right)$倍

③

（1）　ペンキ1kgでぬれるかべの面積は $1\frac{3}{4}$m²なので，このペンキ$3\frac{1}{5}$kgでぬれる面積は，かけ算で求めます。

$1\frac{3}{4} \times 3\frac{1}{5} = \frac{7}{4} \times \frac{16}{5} = \frac{7 \times \overset{4}{\cancel{16}}}{\underset{1}{\cancel{4}} \times 5}$

$= \frac{28}{5} = 5\frac{3}{5}$

（答え）　$5\frac{3}{5}\left(\frac{28}{5}\right)$m²

（2）　$1\frac{1}{8}$mの棒の1m分の重さなので，わり算で求めます。

$\frac{9}{10} \div 1\frac{1}{8} = \frac{9}{10} \div \frac{9}{8} = \frac{9}{10} \times \frac{8}{9}$

$= \frac{\overset{1}{\cancel{9}} \times \overset{4}{\cancel{8}}}{\underset{5}{\cancel{10}} \times \underset{1}{\cancel{9}}} = \frac{4}{5}$

（答え）　$\frac{4}{5}$kg

2－3　対称な図形

P74，7

解答

① （1）㋐，㋑，㋒　（2）㋐，㋓

② （1）辺KJ　（2）6本

③ （1）点G　（2）8cm

④ （1）5本　（2）㋑，㋓，㋔

解説

①

（1）　㋐と㋑と㋒は，二つに折ったとき両側の部分がぴったり重なるので線対称な図形です。対称の軸は次の図のようになります。

（答え）　㋐，㋑，㋒

（2）　㋐と㋓は，次の図の点Oのまわりに180°回転させたとき，もとの図形にぴったり重なるので，点対称な図形です。

（答え）　㋐，㋓

2

（1） 直線アイを対称の軸とみたとき，点Cに対応する点は点K，点Dに対応する点は点Jなので，辺CDと対応する辺は辺KJとなります。

（答え） **辺KJ**

（2） 対称の軸は，次の図のように全部で６本あります。

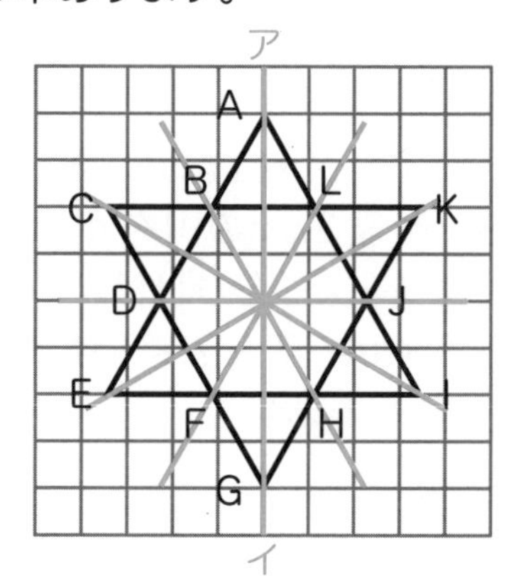

（答え） **6本**

3

（1） 点Cと 点Oを結んだ直線上に，点Cに対応する点があるので，点Cと対応する点は点Gです。

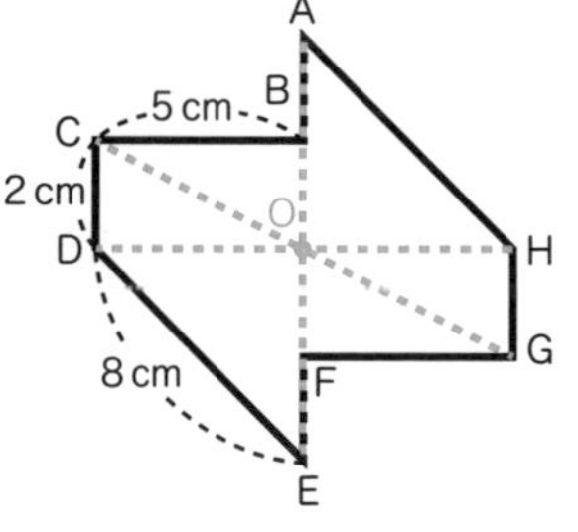

（答え） **点G**

（2） 点Aと点Oを結んだ直線上に，点Aに対応する点があります。点Aと対応する点は点E，点Hに対応する点は点Dなので，辺AHは辺EDと対応します。対応する辺は長さが等しいので，辺AHの長さは8cmです。

（答え） **8cm**

4

（1） 正五角形の対称の軸は，右の図のように，５本あります。

（答え） **5本**

（2） 正多角形はすべて線対称な図形です。

三角形と五角形は点対称にはなりません。

正方形と正六角形と正八角形は点対称な図形です。

線対称でも点対称でもある図形は，正方形，正六角形，正八角形です。

㋐正三角形 ㋑正方形 ㋒正五角形

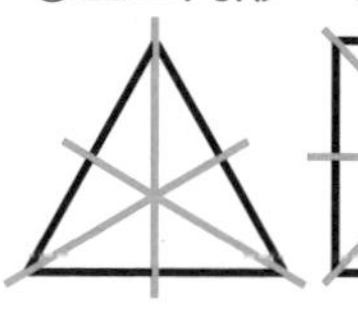

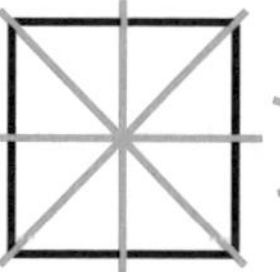

㋓正六角形 ㋔正八角形

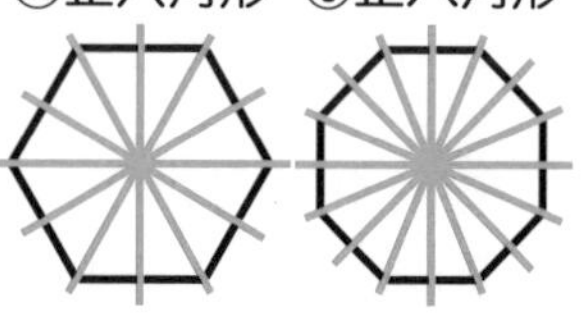

（答え） **㋑，㋓，㋔**

円の面積

P78，79

解答

1 （1） **78.5cm²**　（2） **254.34cm²**

2 （1） **100.48cm²**　（2） **113.04cm²**

3 **21.07cm²**

4 **282600m²**

解説

1

（1）　円の面積＝半径×半径×3.14なので，

$5\times5\times3.14=78.5$

（答え）　**78.5cm²**

（2）　円の半径は，18÷２＝９なので，

$9\times9\times3.14=254.34$

（答え）　**254.34cm²**

2

（1）　半径８cmの円を２等分した図形なので，

$8\times8\times3.14\div2$

$=32\times3.14$

$=100.48$

（答え）　**100.48cm²**

（2）　360÷90＝４より，半径12cmの円を４等分した図形なので，

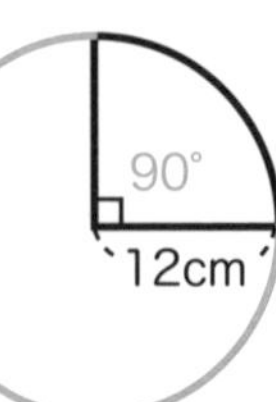

$12\times12\times3.14\div4$

$=36\times3.14$

$=113.04$

（答え）　**113.04cm²**

3

右の図で，㋐の長さは，14÷２＝７なので，長方形の縦㋑の長さも７cmです。

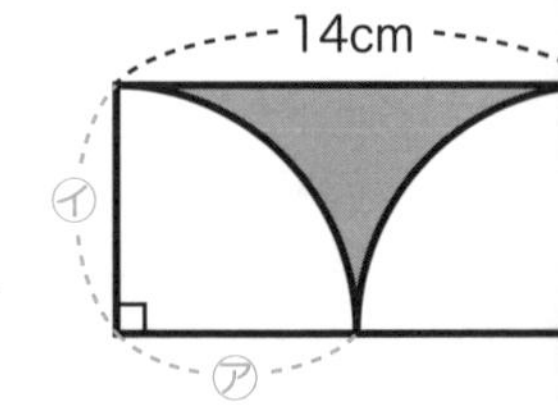

縦７cm，横14cmの長方形の面積から，半径７cmの円を４等分した図形の面積を２つ分ひけばよいです。

$7\times14-7\times7\times3.14\div4\times2$

$=98-76.93$

$=21.07$

（答え）　**21.07cm²**

4

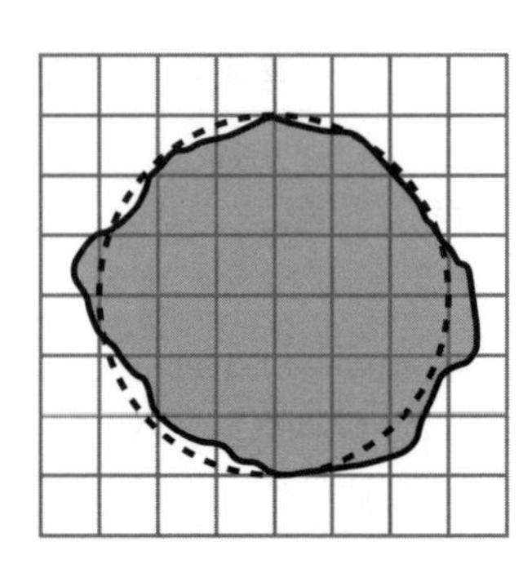

- - - - -の図形は，100×３＝300で半径が300mの円なので，面積は，

$300\times300\times3.14=282600$

（答え）　**282600m²**

2-5 角柱と円柱

P82, 83

解答

1 ㋐　18cm，㋑　56.52cm

2 （1）240cm³　（2）2800cm³

3 2009.6cm³

4 12.56cm

解説

1

展開図で長方形になるのは，円柱の側面の部分です。長方形の縦は円柱の高さになるので，㋐の長さは18cmです。

また，展開図を組み立てると，次の図の色をつけた部分が重なります。

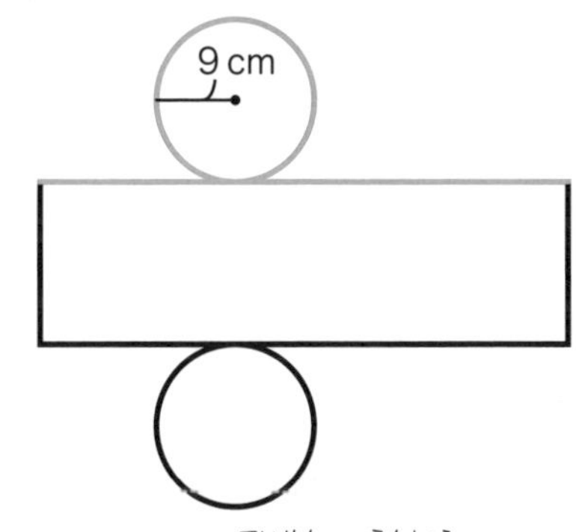

㋑の長さは，底面の円周の長さと等しいので，

9 × 2 ×3.14＝56.52

（答え）㋐　18cm，㋑　56.52cm

2

（1）　底面積は，5 × 8 ÷ 2 ＝20なので，

20× 12＝240

（答え）　240cm³

（2）　五角柱の底面積は112cm²，高さが25cmなので，

112× 25＝2800

（答え）　2800cm³

3

底面の円の半径は，16÷ 2 ＝ 8 なので，底面積は，

8 × 8 ×3.14＝200.96

高さは10cmなので，

200.96× 10＝2009.6

（答え）　2009.6cm³

4

図 1 の円柱の入れ物に入っている水の体積は，

10× 10× 3.14× 12

＝1200× 3.14

＝3768

この水を図 2 の直方体の入れ物に移すと，右の図のようになります。水の深さを□cmとすると，底面積は

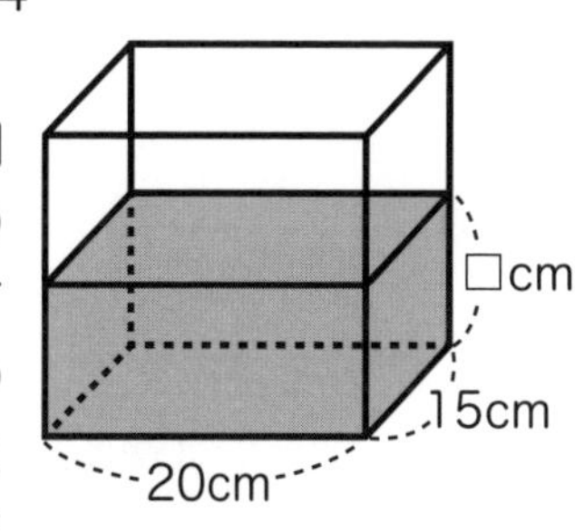

15× 20＝300

体積が3768cm³だから，

300× □＝3768

□＝3768÷300

＝12.56

（答え）　12.56cm

2-6 データの調べ方

P88，89

解答

1 （1） 8人
（2） 10分以上15分未満

2 （1） 13m　　（2） 12.5m

3 （1）

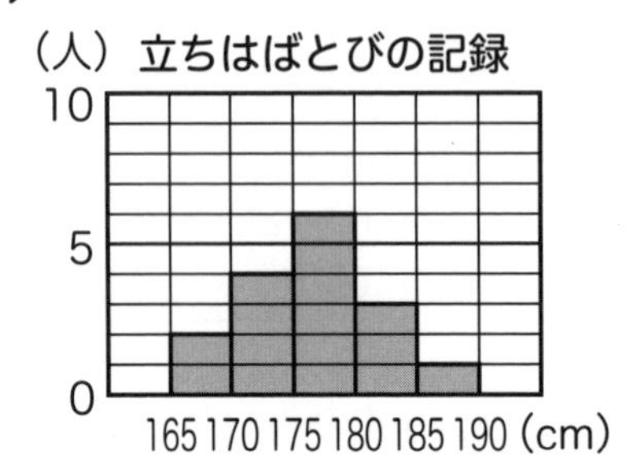

（2） 25%

4 ㋒

解説

1

（1） 度数分布表の５分以上10分未満の度数を読みます。

（答え）　8人

（2） 中央値は，データを大きさの順に並べたときに，中央にあるデータの値です。

データの総数が26個なので，26÷２＝13で，時間が短いほうから数えて13番めと14番めが入る階級を見ます。

両方とも10分以上15分未満の階級に入っています。

（答え） 10分以上15分未満

2

（1） 最頻値は，データの中でもっとも多く出てくる値です。

ドットプロットから，もっとも個数が多いのは13mです。

（答え）　13m

（2） データの個数は，

1＋1＋2＋1＋3＋4＋2＋1＋1＝

16÷２＝８より，８番めの人と番めの人の記録の平均の値を求めます。

短いほうから８番めの人の記録は12mで，９番めの人の記録は13mなので，中央値は，

（12＋13）÷２＝12.5

（答え）　12.5m

3

（1） 解答参照

（2） 180cm以上の度数は，３＋１＝なので，４÷16=0.25で，25%です

（答え）　25%

4

（2）㋐ １組でもっとも低い点数の階は，40点以上50点未満で，組でもっとも低い点数の階級は50点以上60点未満です。１より２組のほうが高いです。しくありません。

㋑ 中央値は，20÷２＝10より，

いほうから10番めと11番めの値の平均値です。１組は10番めも11番めも60点以上70点未満の階級に入っています。２組は10番めも11番めも70点以上80点未満の階級に入っています。１組より２組のほうが高いです。正しくありません。

㋒　80点以上の度数は，１組が１＋２＝３で３人，２組が２人です。それぞれの度数の割合は，１組が３÷20＝0.15，２組が2÷20＝0.1です。１組より２組のほうが低いです。正しいです。

（答え）　㋒

2－7 比とその利用

P92，93

解答

1（１）２：３　（２）５：８
2（１）126　（２）18
3（１）16人　（２）８人
4（１）４：３　（２）750円
5（１）120mL　（２）96mL

解説

1

（１）　２つの整数の最大公約数（さいだいこうやくすう）でわります。

16：24＝２：３（÷8, ÷8）

（答え）　２：３

（２）　0.8：1.28を整数の比になおして，２つの整数の最大公約数でわります。

0.8：1.28＝80：128＝５：８（×100, ×100, ÷16, 16）

（答え）　５：８

2

（１）　4×18＝72　なので，

７：４＝□：72（×18, ×18）

□＝７×18＝126

（答え）　126

（2） 12：8を簡単にすると，

$$12:8=3:2 \quad (\div 4)$$ です。

$3\times 9=27$ なので

$$3:2=27:\square \quad (\times 9)$$

$\square=2\times 9=18$

（答え） 18

2

（1） 習い事をしている人を□人とすると，

8：7＝□：14

7×2＝14なので，

□＝8×2＝16

（答え） 16人

（2） 次の図のように，3+1=4で，メガネをかけている人は全体の$\frac{1}{4}$倍なので，$32\times\frac{1}{4}=8$

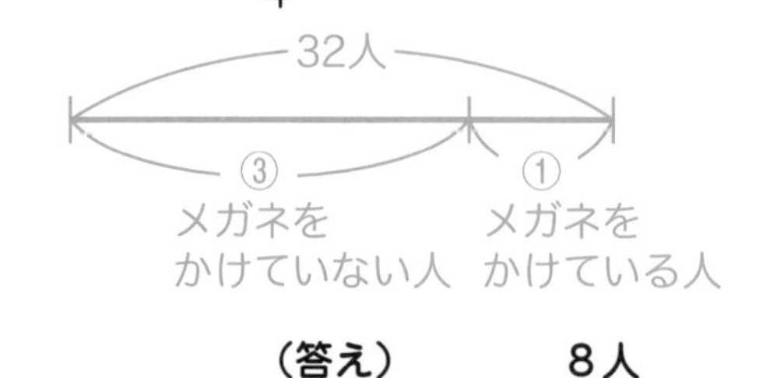

（答え） 8人

3

（1） $2400:1800=4:3 \quad (\div 600)$

（答え） 4：3

（2） 全体は，5＋3＝8で，さとしさんの分は全体の$\frac{5}{8}$倍なので，

$1200\times\frac{5}{8}=750$（円）

（答え） 750円

4

（1） 使うしょう油を□mLとすると，

2：3＝80：□

80÷2＝40なので，

□＝3×40＝120

（答え） 120mL

（2） 全体は，2＋3＝5で，すの分は全体の$\frac{2}{5}$倍なので，

$240\times\frac{2}{5}=96$

（答え） 96mL

2－8 拡大図と縮図

P96，9

解答

1 ㋒，㋔，㋕，㋗

2（1）103°　（2）3.2cm

3（1）120m　（2）1.6cm

4（1）3倍　（2）4m20cm

解説

1 ㋐に対応する，それぞれの辺の長さが何倍になっているか調べます。

㋒は，㋐の$\frac{1}{2}$になっているので縮図です。

㋔は，㋐の３倍になっているので拡大図です。

㋕は，㋐の$\frac{3}{2}$になっているので拡大図です。

㋗は，㋐の２倍になっているので拡大図です。

（答え）　㋒，㋔，㋕，㋗

2

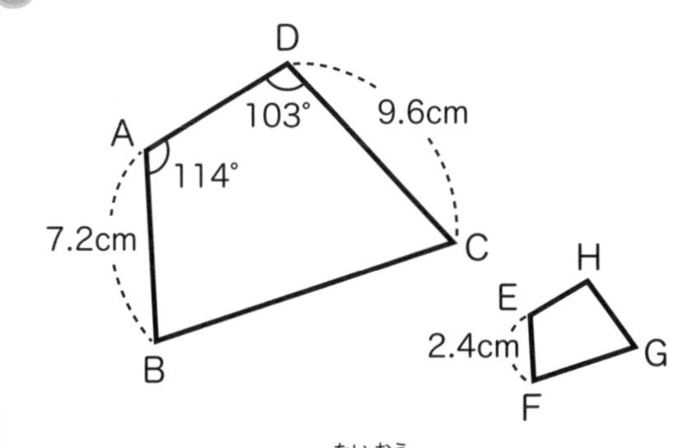

（１）　角Hは角Dに対応する角なので，103°です。

（答え）　103°

（２）　辺EFは辺ABに対応する辺で，

$2.4 \div 7.2 = \frac{1}{3}$なので，

辺EFは辺ABの$\frac{1}{3}$の長さです。

辺GHは辺CDに対応する辺なので，辺GHは辺CDの$\frac{1}{3}$の長さです。辺GHの長さは，

$9.6 \times \frac{1}{3} = 3.2$

（答え）　3.2cm

3

（１）　実際の長さは縮図の縦の長さの2500倍です。

学校の運動場の縦の長さは，

$4.8 \times 2500 = 12000$

１m＝100cmなので，

12000cm＝120m

（答え）　120m

（２）　１m＝100cmなので，体育館の実際の横の長さは4000cmと表せます。

$\frac{1}{2500}$の縮図なので，

$4000 \times \frac{1}{2500} = 1.6$

（答え）　1.6cm

4

（１）　辺BCと辺EFが対応する辺です。

２m25cm＝225cmより，

$225 \div 75 = 3$なので，三角形ABCは三角形DEFの３倍の拡大図です。

（答え）　３倍

（２）　木の高さを表す辺ABと対応する辺はまゆみさんの身長を表す辺DEです。

１m40cm＝140cmより，

$140 \times 3 = 420$なので，

420cm＝４m20cm

（答え）　４m20cm

2-9 比例と反比例

P100, 101

解答

1 比例 ㋐, ㋓, 反比例 ㋑

2 (1) $y=80\times x$

(2) 480円　(3) 9本

3 (1) 8分

(2) ㋒

4 $y=8\div x$

解説

1

㋐ 個数が2倍, 3倍, …になると, 代金も2倍, 3倍, …となるので, y は x に比例します。

㋑ 人数が2倍, 3倍, …になると, かかる日数は$\frac{1}{2}$, $\frac{1}{3}$, …となるので, y は x に反比例します。

㋒ 2人の年れいは, 差が一定なので, 比例でも反比例でもありません。

㋓ 1辺の長さが2倍, 3倍, …になると, まわりの長さも2倍, 3倍, …となるので, y は x に比例します。

(答え) 比例 ㋐, ㋓, 反比例 ㋑

2

(1) (代金)=80×(えん筆の本数)なので,

$y=80\times x$

(答え) $y=80\times x$

(2) x の値が6のときの y の値を求めればよいです。

$y=80\times x$ の x に6をあてはめると

$y=80\times 6=480$

(答え) 480円

(3) y の値が720のときの x の値を求めればよいです。

$y=80\times x$ の y に720をあてはめると,

$720=80\times x$

$x=720\div 80=9$

(答え) 9本

3

(1) (道のり)=(速さ)×(時間)なので, あきさんの家から駅までの道のりは 60×20=1200で1200mです。

$y=1200\div x$

x の値が150のときの y の値を求めればよいです。

(時間)=(道のり)÷(速さ)なので, $y=1200\div x$ の x に150をあてはめると,

$y=1200\div 150=8$

(答え) 8分

(2)　$y=1200\div x$ より，
$y=$(決まった数)$\div x$ と表せるので，
y は x に反比例しています。
グラフは，㋐は比例，㋒は反比例を表すので，答えは㋒です。

(答え)　㋒

④

(1本分の油の量)$=8\div$(びんの本数)なので，
$y=8\div x$

(答え)　$y=8\div x$

2－10
並べ方と組み合わせ方
P104，105

解答

① 24通り
② 24通り
③ 8通り
④ 4通り
⑤ 10通り
⑥ 24通り

解説

①

さきさんが1番めに走る順番を図に表すと，次のようになります。

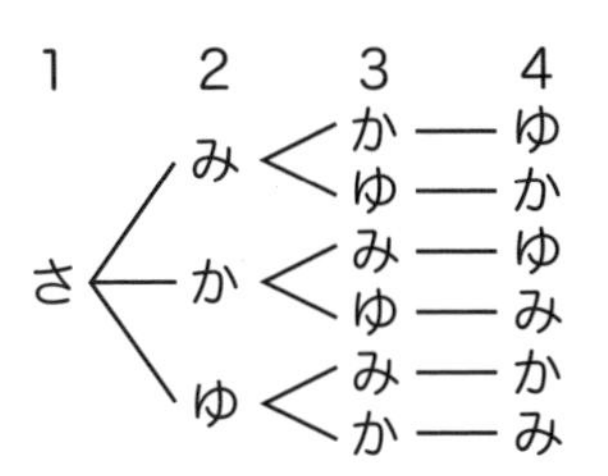

6通りあります。みくさん，かなさん，ゆいさんが1番めのときも，それぞれ6通りあるので，走る順番は全部で，
$6\times4=24$

(答え)　24通り

②

右の図のように，3つの部分をA，B，Cとします。

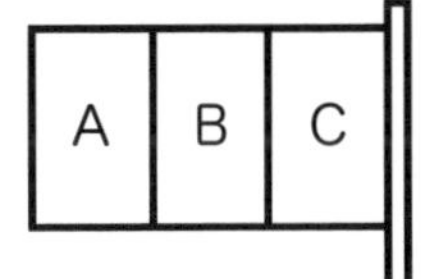

Aの部分を赤にしたときのぬり分け方を図に表すと，次のようになります。

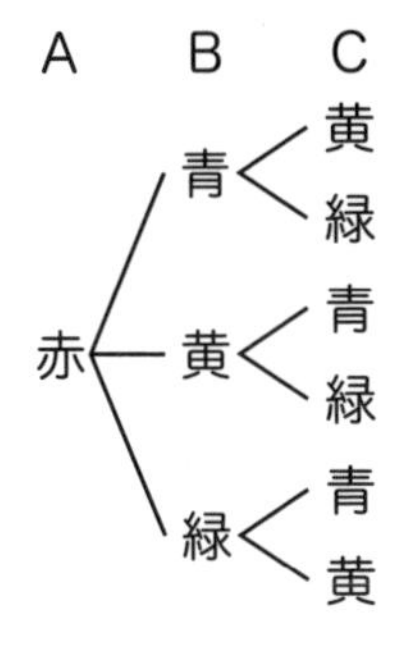

6通りあります。Aの部分に青，黄，緑を選んだときの選び方も6通りずつあるので，色のぬり方は全部で，
$6\times4=24$

(答え)　24通り

③

１回めに表が出る出方を図に表すと，次のようになります。

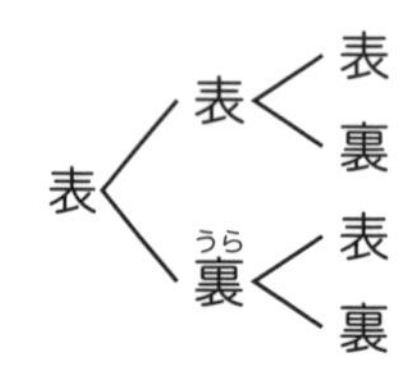

４通りあります。１回めに裏が出る出方も４通りあるので，出方は全部で，

$4 \times 2 = 8$

（答え）　８通り

④

10円玉，50円玉，100円玉，500円玉の選び方を表に表すと，次のようになります。

10円玉	○	○	○	
50円玉	○	○		○
100円玉	○		○	○
500円玉		○	○	○

（答え）　４通り

⑤

りくさん，ちかさん，ひろさん，
きさん，まみさんの５人の中から，
人のそうじ当番の選び方を表に表すと
次のようになります。

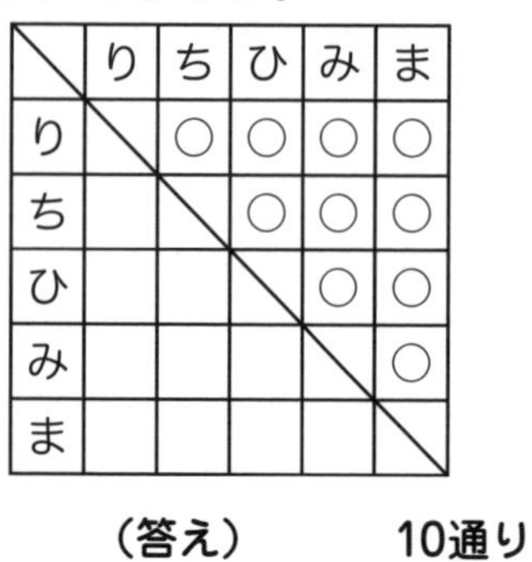

＼	り	ち	ひ	み	ま
り	＼	○	○	○	○
ち		＼	○	○	○
ひ			＼	○	○
み				＼	○
ま					＼

（答え）　10通り

⑥

カレーライスを選んだときの選び
を図に表すと，次のようになります。

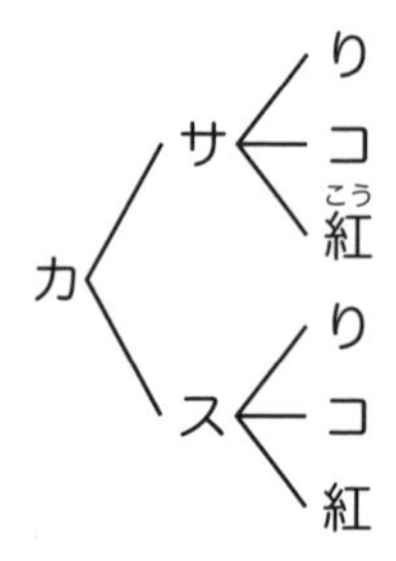

６通りあります。ナポリタン，
ムライス，ハンバーグを選んだと
の選び方も６通りずつあるので，
び方は全部で，

$6 \times 4 = 24$

（答え）　24通り

算数検定特有問題

P108，109

解答

1 （1）15個　　（2）20番め

2 （1）ひとみさん

（2）みさきさんとはるなさん

解説

1

（1）　下の図のように，(1辺に並んだ黒い石の個数)－1のかたまりが３つあると考えます。

1番め

2番め

3番め

4番め

□番めの１辺に並んだ黒い石の個数は□＋１個となっているので，黒い石の個数は，

(□＋１－１)×３＝□×３

５番めの黒い石の個数は，

５×３＝15

（答え）　15個

（2）　□番めの図形の黒い石の個数は，□×３なので，

□×３＝60

□＝60÷３＝20

（答え）　20番め

2

（1）　５人の話していることから，みさきさん，あゆみさん，なぎささんが１位ではないことがわかります。

ひとみさんの話していることから，ひとみさんがはるなさんより早くゴールしているので，１位はひとみさんです。

（答え）　ひとみさん

（2）　あゆみさんの話していることから，あゆみさんは５位です。

はるなさんとひとみさんの話していることから，ゴールが早い順に，ひとみさん→はるなさん→なぎささんです。

なぎささんの話していることから，なぎささんは２位か４位ですが，なぎささんの前にひとみさんとはるなさんがゴールしているので，なぎささんは４位になります。

みさきさんとはるなさんの順位が決まっていないので，同時にゴールしたのはみさきさんとはるなさんです。

（答え）　みさきさんとはるなさん

算数パーク

P32，33

4分割問題

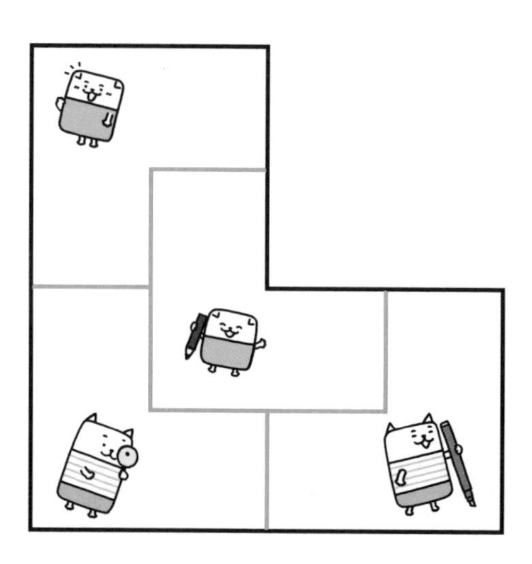

面積2等分問題

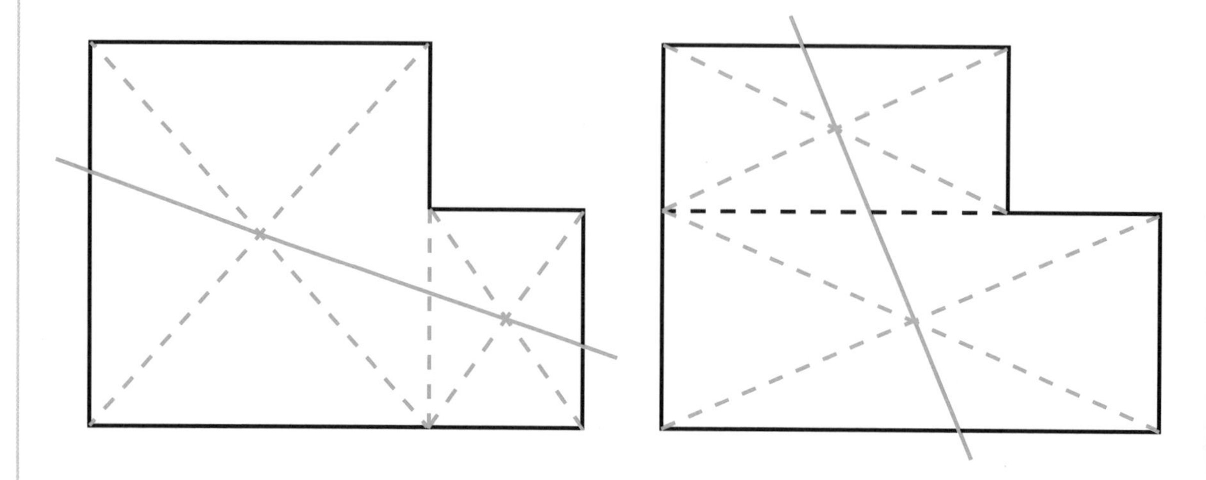

算数パーク

P62，63

星と三角形

（答えの例）

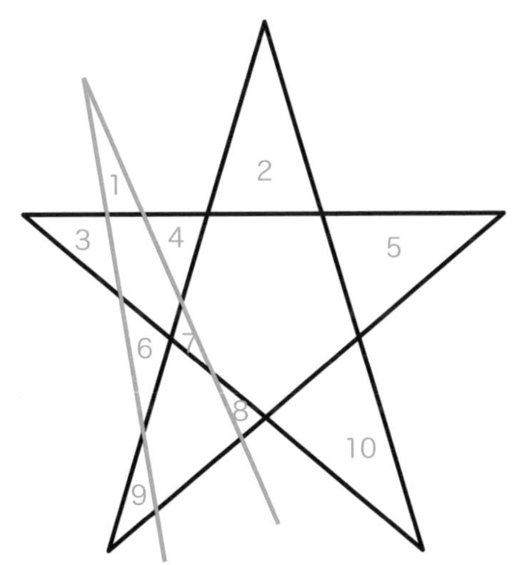

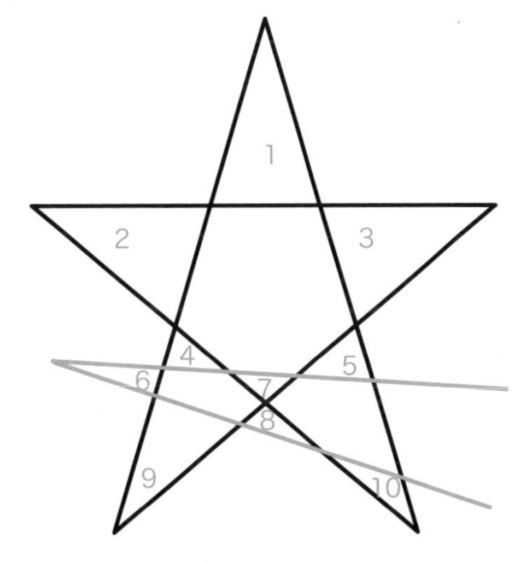

他にもまだまだあります。

算数パーク

P84，85

一筆書き

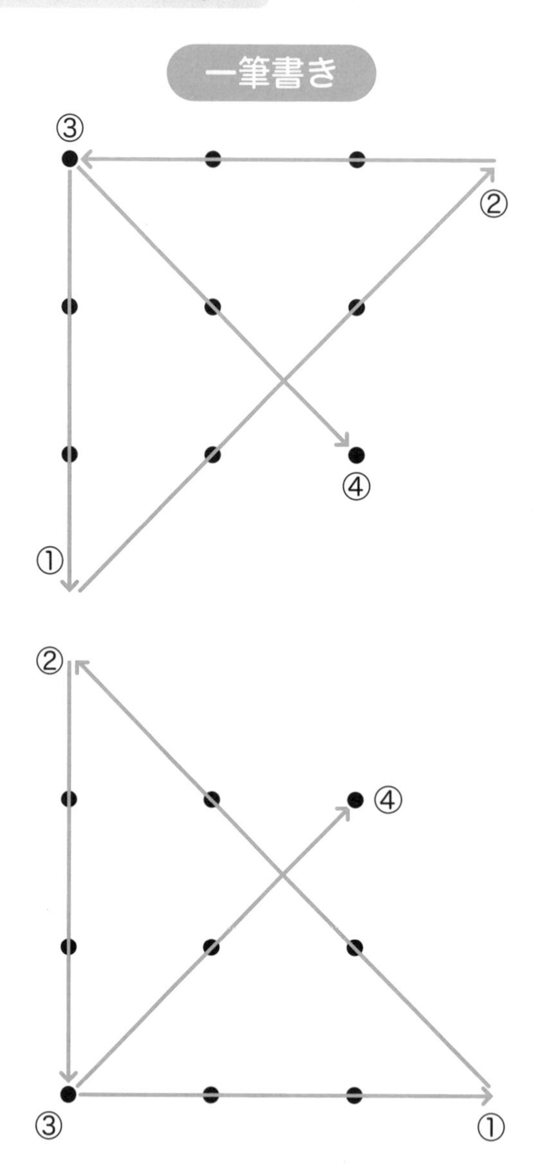

④→③→②→①の順（じゅん）でも一筆で書けます。
他にもまだまだあります。

算数パーク

P106，107

切り絵

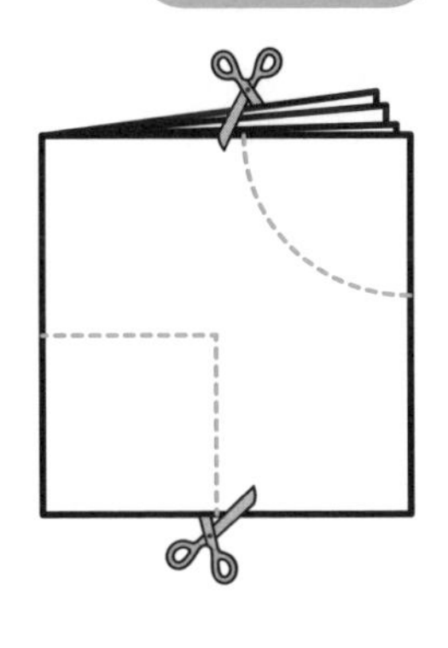

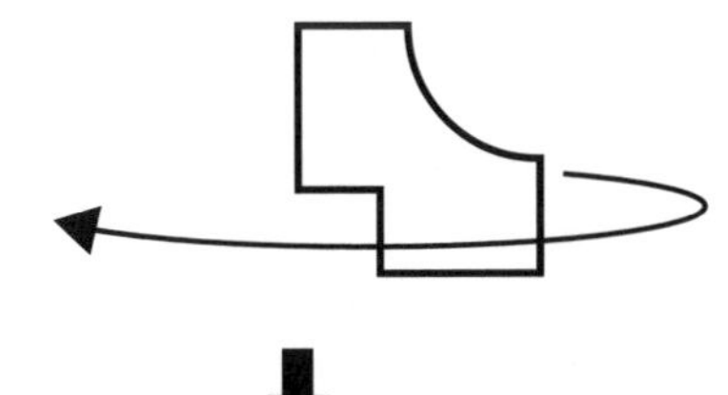

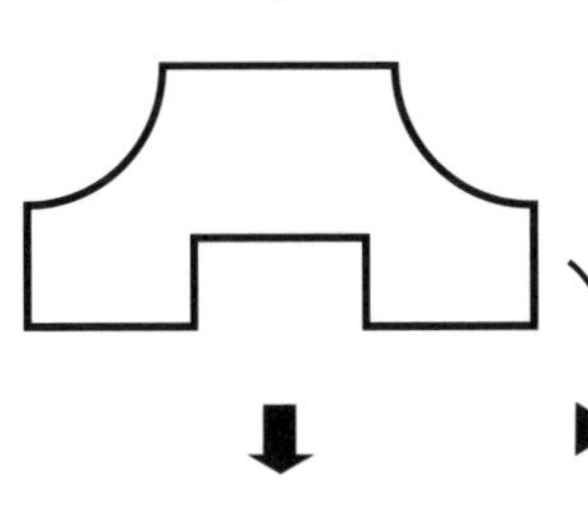

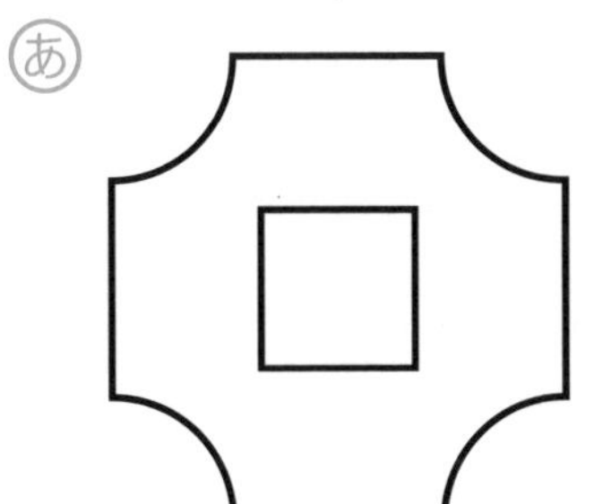

◉執筆協力：梶田 栄里子・有限会社マイプラン
◉DTP：株式会社 明昌堂
◉カバーデザイン：浦郷 和美
◉イラスト：坂木 浩子

◉編集担当：吉野 薫・加藤 龍平・阿部 加奈子

親子ではじめよう　算数検定6級

2024年5月3日　初版発行

編　者	**公益財団法人 日本数学検定協会**
発行者	**髙田 忍**
発行所	**公益財団法人 日本数学検定協会** 〒110-0005 東京都台東区上野五丁目1番1号 FAX 03-5812-8346 https://www.su-gaku.net/
発売所	**丸善出版株式会社** 〒101-0051 東京都千代田区神田神保町二丁目17番 TEL 03-3512-3256　FAX 03-3512-3270 https://www.maruzen-publishing.co.jp/
印刷・製本	**株式会社ムレコミュニケーションズ**

ISBN978-4-86765-013-4　C0041

©The Mathematics Certification Institute of Japan 2024 Printed in Japan

＊落丁・乱丁本はお取り替えいたします。
＊本書の内容の全部または一部を無断で複写複製（コピー）することは著作権法上での例外を除き、禁じられています。
＊本の内容についてお気づきの点は、書名を明記の上、公益財団法人日本数学検定協会宛に郵送・FAX（03-5812-8346）いただくか、当協会ホームページの「お問合せ」をご利用ください。電話での質問はお受けできません。また、正誤以外の詳細な解説や質問対応は行っておりません。

算数検定

別冊

本体から取りはずすこともできます。

級

ミニドリル

第1回

● 次の計算をしましょう。

（1） 2.5×5.8

（2） $27.2 + 15.3 \div 1.7$

（3） $\frac{7}{12} + \frac{3}{4}$

（4） $\frac{5}{9} - \frac{1}{6}$

（5） $\frac{5}{14} \times 7$

（6） $\frac{9}{11} \div 27$

（7） $\frac{5}{8} \times \frac{4}{7}$

（8） $\frac{4}{5} \div \frac{3}{10}$

● 次の問題に答えましょう。

(9) 次の(　　)の中の数の最大公約数を求めましょう。

(30, 48)

(10) 次の(　　)の中の数の最小公倍数を求めましょう。

(4, 14, 21)

● 次の比をもっとも簡単な整数の比にしましょう。

(11) 35 : 49

(12) 2.1 : 3

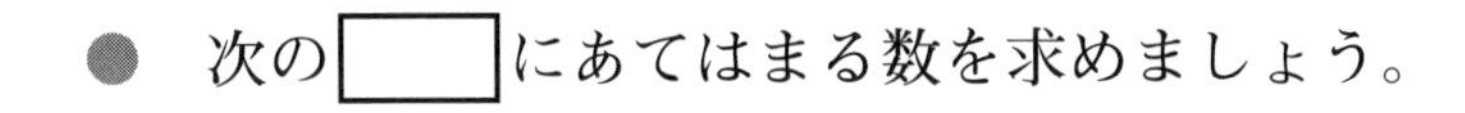

●　次の□にあてはまる数を求めましょう。

(13)　0.504を100倍した数は□です。

(14)　$\frac{2}{5}$を小数で表すと□です。

(15)　4：3＝36：□

第2回

● 次の計算をしましょう。

（1）　$73.1 \div 4.3$

（2）　$48.02 - 8.6 \times 1.65$

（3）　$\frac{7}{8} + \frac{2}{3}$

（4）　$1\frac{2}{15} - \frac{3}{5}$

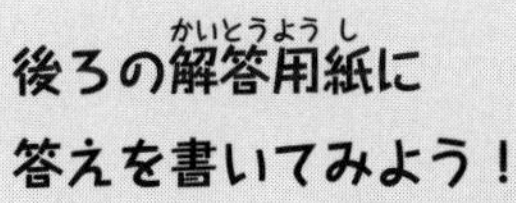

後ろの解答用紙に
答えを書いてみよう！

（5）　$\frac{4}{9} \times 6$

（6）　$\frac{12}{13} \div 4$

（7）　$\frac{5}{11} \times 1\frac{1}{10}$

（8）　$\frac{1}{6} \div \frac{2}{9}$

● 次の問題に答えましょう。

(9) 次の(　　)の中の数の最大公約数(さいだいこうやくすう)を求(もと)めましょう。

(16, 28)

(10) 次の(　　)の中の数の最小公倍数を求めましょう。

(8, 12, 18)

● 次の比(ひ)をもっとも簡単(かんたん)な整数の比にしましょう。

(11) 54 : 36

(12) $\frac{4}{7}$: 5

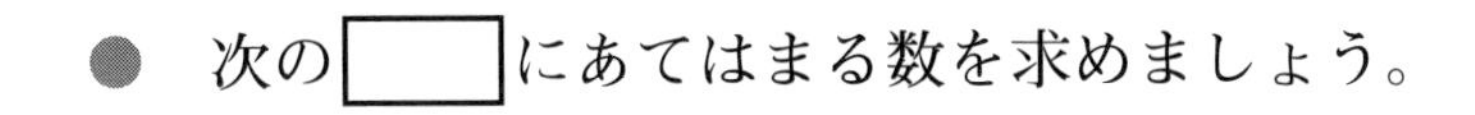

● 次の□にあてはまる数を求めましょう。

(13) ５３.５を$\frac{1}{100}$にした数は□です。

(14) $\frac{9}{20}$を小数で表すと□です。

(15) ６ ： ７＝□ ： ２１

答えは
１８ページを
見てね！

● 次の計算をしましょう。

（1）　3.78×6.2

（2）　$51.3 - 39.9 \div 5.7$

（3）　$\frac{5}{6} + 1\frac{11}{24}$

（4）　$1\frac{1}{4} - \frac{7}{9}$

（5）　$\frac{7}{10} \times 30$

全部とけたら，
あせらず
見直ししよう。

（6）　$1\frac{1}{8} \div 12$

（7）　$1\frac{3}{8} \times \frac{4}{25}$

（8）　$1\frac{7}{9} \div 1\frac{7}{17}$

● 次の問題に答えましょう。

(9) 次の(　　)の中の数の最大公約数を求めましょう。

(56, 64)

(10) 次の(　　)の中の数の最小公倍数を求めましょう。

(10, 12, 15)

● 次の比をもっとも簡単な整数の比にしましょう。

(11) 18 : 54

(12) 2.8 : 2.4

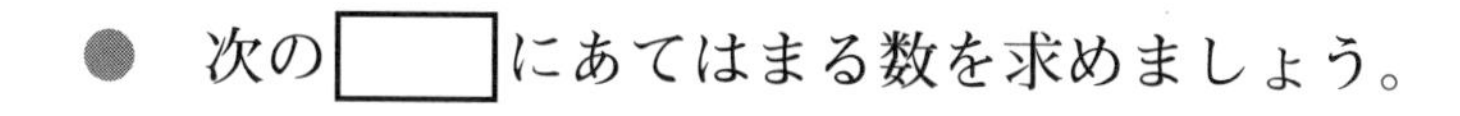
● 次の□にあてはまる数を求めましょう。

(13)　9.29を1000倍した数は□です。

(14)　$5\frac{1}{2}$を小数で表すと□です。

(15)　9：2＝□：12

答えは
18ページを
見てね！

第4回

● 次の計算をしましょう。

（1）　$22.56 \div 9.4$

（2）　$5.28 + 10.3 \times 2.3$

（3）　$\frac{6}{7} + \frac{2}{5}$

（4）　$2\frac{11}{32} - \frac{5}{8}$

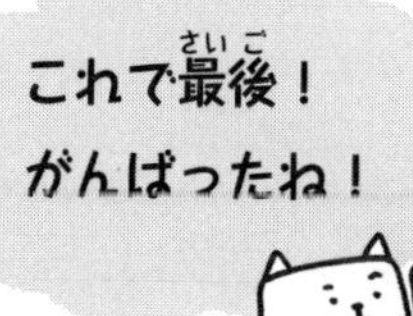

（5）　$\frac{8}{21} \times 14$

（6）　$\frac{4}{9} \div 10$

（7）　$1\frac{1}{14} \times 4\frac{2}{5}$

（8）　$\frac{3}{8} \div 1\frac{9}{16}$

● 次の問題に答えましょう。

(9) 次の(　　)の中の数の最大公約数を求めましょう。

(54, 63)

(10) 次の(　　)の中の数の最小公倍数を求めましょう。

(15, 20, 24)

● 次の比をもっとも簡単な整数の比にしましょう。

(11) 45 : 20

(12) $\frac{3}{4} : \frac{1}{6}$

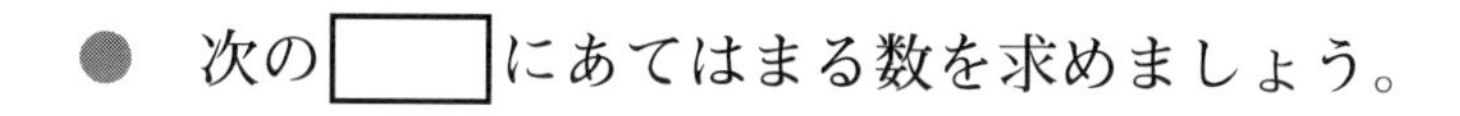

● 次の□にあてはまる数を求めましょう。

(13)　190.5を$\frac{1}{1000}$にした数は□です。

(14)　$\frac{9}{4}$を小数で表すと□です。

(15)　8：5＝32：□

第1回

(1) 14.5

(2) 36.2

(3) $1\frac{1}{3}\left(\frac{4}{3}\right)$

(4) $\frac{7}{18}$

(5) $2\frac{1}{2}\left(\frac{5}{2}\right)$

(6) $\frac{1}{33}$

(7) $\frac{5}{14}$

(8) $2\frac{2}{3}\left(\frac{8}{3}\right)$

(9) 6

(10) 84

(11) 5：7

(12) 7：10

(13) 50.4

(14) 0.4

(15) 27

第2回

(1) 17

(2) 33.83

(3) $1\frac{13}{24}\left(\frac{37}{24}\right)$

(4) $\frac{8}{15}$

(5) $2\frac{2}{3}\left(\frac{8}{3}\right)$

(6) $\frac{3}{13}$

(7) $\frac{1}{2}$

(8) $\frac{3}{4}$

(9) 4

(10) 72

(11) 3：2

(12) 4：35

(13) 0.535

(14) 0.45

(15) 18

第3回

(1) 23.436

(2) 44.3

(3) $2\frac{7}{24}\left(\frac{55}{24}\right)$

(4) $\frac{17}{36}$

(5) 21

(6) $\frac{3}{32}$

(7) $\frac{11}{50}$

(8) $1\frac{7}{27}\left(\frac{34}{27}\right)$

(9) 8

(10) 60

(11) 1：3

(12) 7：6

(13) 9290

(14) 5.5

(15) 54

第4回

(1) 2.4

(2) 28.97

(3) $1\frac{9}{35}\left(\frac{44}{35}\right)$

(4) $1\frac{23}{32}\left(\frac{55}{32}\right)$

(5) $5\frac{1}{3}\left(\frac{16}{3}\right)$

(6) $\frac{2}{45}$

(7) $4\frac{5}{7}\left(\frac{33}{7}\right)$

(8) $\frac{6}{25}$

(9) 9

(10) 120

(11) 9：4

(12) 9：2

(13) 0.1905

(14) 2.25

(15) 20

解答用紙（かいとうようし）

(1)		(9)	
(2)		(10)	
(3)		(11)	
(4)		(12)	
(5)		(13)	
(6)		(14)	
(7)		(15)	
(8)			

第2回 解答用紙

(1)		(9)	
(2)		(10)	
(3)		(11)	
(4)		(12)	
(5)		(13)	
(6)		(14)	
(7)		(15)	
(8)			

解答用紙（かいとうようし）

(1)		(9)	
(2)		(10)	
(3)		(11)	
(4)		(12)	
(5)		(13)	
(6)		(14)	
(7)		(15)	
(8)			

第4回 解答用紙(かいとうようし)

(1)		(9)	
(2)		(10)	
(3)		(11)	
(4)		(12)	
(5)		(13)	
(6)		(14)	
(7)		(15)	
(8)			